飞向太空丛书

FEIXIANG TAIKONG CONGSHU

天外来客
地球上的不明飞行物

本丛书编委会◎编

王 潇 任江华 何 建◎编著

U0735959

世界图书出版公司
广州·北京·上海·西安

图书在版编目（CIP）数据

天外来客：地球上的不明飞行物/《飞向太空丛书》编
委会编．—广州：广东世界图书出版公司，2009.4 （2024.2 重印）
（飞向太空丛书）
ISBN 978 - 7 - 5100 - 0585 - 5

Ⅰ. 天… Ⅱ. 飞… Ⅲ. 飞碟 - 普及读物 Ⅳ. V11 -49

中国版本图书馆 CIP 数据核字 （2009） 第 056555 号

书　　　名	天外来客：地球上的不明飞行物	
	TIAN WAI LAI KE DI QIU SHANG DE BU MING FEI XING WU	
编　　　者	《飞向太空丛书》编委会	
责任编辑	魏志华	
装帧设计	三棵树设计工作组	
出版发行	世界图书出版有限公司　世界图书出版广东有限公司	
地　　　址	广州市海珠区新港西路大江冲 25 号	
邮　　　编	510300	
电　　　话	020-84452179	
网　　　址	http://www.gdst.com.cn	
邮　　　箱	wpc_gdst@163.com	
经　　　销	新华书店	
印　　　刷	唐山富达印务有限公司	
开　　　本	787mm×1092mm　1/16	
印　　　张	13	
字　　　数	160 千字	
版　　　次	2009 年 4 月第 1 版　2024 年 2 月第 7 次印刷	
国际书号	ISBN　978-7-5100-0585-5	
定　　　价	49.80 元	

"光辉书房新知文库"

总策划/总主编:石 恢

副总主编:王利群 方 圆

本书作者

王 潇 科普爱好者

任江华 人民日报社资深记者

何 建 解放军总装备部某高校科研人员

插上科学的翅膀，明天太空见

　　一直以来，人类就梦想着更加自由地飞翔，也渴望着更加近距离地去探索太空的秘密。随着我国"神舟"系列飞船的陆续升空，以及新一轮登月竞赛在各国间的迅速展开，全球的目光再一次被吸引到辽阔的天空以及更加浩瀚的星际空间。那些关于飞翔的梦想也更深入地植根于青少年朋友的心灵之中。

　　航空航天集中体现了一个国家的科学技术、工业、经济、国防等综合实力的水平，航空航天文化渗透于经济、文化、教育旅游、娱乐和体育等各个领域。而航空航天科普更是科普教育的一个重要组成部分，广大公众特别是青少年朋友对航空航天科技知识的了解，将直接影响到航空航天事业未来的发展。早在 1998 年召开的全国首届航空航天科普教育研讨会上，就有学者指出："要发展我们的航空航天事业，也需要从娃娃抓起。"对广大青少年进行航空航天科普教育，是我国经济发展和现代国防建设的客观需要。

　　当站立在月球之上的美国宇航员阿姆斯特朗说："我现在迈出的是一小步，但在人类历史上却是一大步！"时，我们都知道，即使那"一小步"中，也包含了无数的知识积累、无数的理论探索、无数的发明创造、无数的试验模拟，以及无数的失败。那之中凝结了多少代人的梦想与激动，也就凝结了多少代人的智慧与汗水。在我们的国家航天员训练中心，训练时航天员因为要承受非常大的加速度，面部都会变形，眼泪也会止不住地流下来，鼻子堵塞，十分痛苦。航天员若实在承受不了，只要按一下手边的报警器，工作人员就会把训练器械停下来，但多年来，从没有一个人按过那个报警器。这不过是航天员系统中航天员训练的一个小小细节。而整个载人航天工程是规模宏大的现代化系统工程，除了航天员系统外，还包括空间运用、载人飞船、运载火箭、发射场、测控通信、着陆场等6大系统，涉及航空、船舶、兵器、机械、电子等诸多领域，参与的人员更是数以万计。从1999年到2009年，每一年都是科学攻关年；从"神一"到"神七"，每一次发射都是新的突破。正是这么多人这么多年的精诚合作，才保证载人航天工程的顺利进行。正如俄罗斯科学家齐奥尔科夫斯基所说，"地球是人类的摇篮，但是人类不会永远生活在摇篮里。"这句话不仅鼓舞了一代又一代的航天工作者，还将激励着今天和以后的年轻朋友们。采取多种形式开展航空航天科普活动，寓教育于娱乐之中，不仅仅给予青少年朋友航空航天科普知识教育，而且还能发挥理想教育、爱国主义教育、智力启发教育和手脑并用教育的作用。今天，年轻朋友们除了怀有比先辈更多的好奇与梦想之外，还应该插上科学的翅膀，拥有更为广阔的视野和更为扎实的知识储备。如果你们在探索精神和勇敢精神方面同样不输于先辈，那么我真诚地欢迎你们，欢迎你们加入英雄的航天人团队，让我们相约——明天太空见！

目　录

— 1 —

引言　真实还是炒作？
——不断涌现的发现报告

UFO，全称 Unidentified Flying Object，意指未经查明的空中飞行物。《中国大百科全书》关于 UFO 的解释是："未经查明来历的空中飞行物。国际上通称 UFO，俗称飞碟。据目击者报告，其外形多呈圆盘状（碟状）、球状和雪茄状，在空中高速或缓慢移动。"

在中国古代，UFO 又叫做星槎。

在梵蒂冈埃及博物馆馆长的收藏物中，人们发现了一张古老的埃及纸莎草纸，它记录了公元前 1500 年左右，埃及法老图特摩斯三世和他的臣民们目击 UFO 群出现的场面：

"22 年冬季第 3 日 6 时……生命之宫的抄写员看见天上飞来一个火环……它无头，喷出恶臭。火环长一杆，宽一杆，无声无息。抄写员惊惶失措，俯伏在地……他们向法老报告此事。法老下令核查所有生命之宫纸莎草纸上的记载。数日之后天上出现更多此类物体，其光足以蔽日，并展之天之四维……火环强而有力，法老站于军中，与士兵静观奇景。晚餐之后，火环向南天升

— 1 —

腾……法老焚香祷告，祈求平安。并下令将此事记录在生命之宫的史册上以传后世。"

这是 UFO 史上第一篇有文字记载的目击报告。

20 世纪以前，有关 UFO 的目击报告较完整的有 300 件以上。从 20 世纪 40 年代末起，UFO 的目击事件急剧增多，据不完全统计，仅仅到上世纪 80 年代为止，全世界的目击报告就有共约 10 万件之多。

●1871 年 1 月，美国得克萨斯州一个名叫约翰·马丁的农民在丹尼森附近耕种，偶然抬头，天空中有一碟子状的圆形物体在缓慢飞动……次日，《丹尼森每日新闻》等报刊的报道中出现了"飞碟"——"飞行着的碟子"一词。这是在新闻传媒中，关于 UFO 的最早的报道。

●1947 年，美国爱达荷州商人肯尼思·阿诺德驾驶私人飞机穿越华盛顿州的喀斯喀特山脉时，看见 9 个规则排列的飞碟。几天之后，新墨西哥州的罗斯威尔发现神秘的金属残片。

●1957 年，在巴西海岸面的大西洋上空一个不明飞行物发生了爆炸，有三小块轻金属落入大海。这些金属碎片被一个目击者捡了回来，并交巴西和美国有关方面检验。结果证明是纯度极高的镁，但它缺少了许多通常可在地球上的镁矿中含有的元素，却包含了一些像锶那样通常在地球镁矿中找不到的元素。

●1965 年某天中午，甘肃一名工人在距本单位约 1 千米外发现一个形如陀螺状的飞行器悬停在离地面 100 米的空中。

●1975年5月某日21时左右，12岁的学生肖赞红和一群儿童在云南省文山师范学院内玩耍时，突然发现天空中出现了一个奇怪的发光明亮、看不清外形的飞行物，它自北向东南飞行，速度同飞机差不多，飞行时无声。该物长约30米，宽约10米，看上去呈三角形，两侧呈现橙蓝色的密集线条，中间则发出较模糊的橙红色光。

●1979年8月4日20时55分，驻新疆空军某部飞行大队的副大队长张某在库尔勒上空驾机飞行时，发现一个磨盘大小、银白色、圆盘状的发光物悬浮在飞机的左前方的空中，圆盘的中心有一个鸡蛋大的圆孔，圆盘边缘规则、清晰、整齐，塔台人员也证实了这一事实。10分钟后，这个飞行物缓缓向东北方向飞去，消失在夜空中。

●1987年5月26日，在美国康涅狄格州的沃特伯里市的上空出现了一个不明飞行物，当时，数量汽车失去动力，停止了前进。

●1990年3月30日，比利时空军通过雷达侦测到了一个"不明飞行物"，并派出两架F-16战斗机对UFO展开追踪。战斗机用机载雷达锁定了UFO，但那架UFO却总是逃出雷达跟踪。双方展开了长达1小时多的"猫捉老鼠"游戏。

●1995年11月26日上午10时13分左右，一架由南京飞往重庆的波音757客机在南京上空飞行时，一个不明飞行物自西向东面朝飞机疾速飞来。该物体长约10余米，呈三角形，大小可

容纳四五个人，颜色偏红。当时，8 名机组人员和部分乘客都目睹了这一现象，并非幻觉或是气球之类的东西，但地面雷达系统并未显示异常。

●2001 年 6 月 25 日晚，在江西省瑞金市合龙乡河山岭附近距地面一二十米的高空，出现了一个直径约 5 米的圆形明亮物体。该物体向上空呈螺旋状发射出一束束耀眼光束，沿河山岭四周来回慢慢飞行达 3 次，其间每隔 2 分钟左右便发射一次光束，光束呈白、蓝、红、绿、黄等不同颜色，最亮时将四周方圆 2 千米照射得犹如白昼，整个飞行物像舞厅里的旋转灯。

●2008 年 12 月 26 日晚 7 点左右，在高密市双羊路与凤凰大街交叉口，有人无意间发现距地面大约有 50 米的空中，有一个大如饭锅，发着红色亮光的物体在天空中移动，引来了众多路人的驻足观看。该物体通体呈火红色，亮度高于十五的月亮，自东向西运动速度较快，轨迹上下波动很不稳定，向西飞行了一段后又折回，在空中大约飞行了 5 分钟后，物体渐渐消失在西北方向。

……

源源不断的目击报告，引起了科学界的广泛关注，由此也形成了对 UFO 的两种截然不同的观点。

一部分科学家对 UFO 的存在持否定态度，他们认为不明飞行物并不存在，那些所谓的目击只不过是人们的幻觉或是目击者对自然现象的一种曲解。

而另外一部分科学家则肯定不明飞行物是一种真实现象，而这也正在被越来越多的事实所证实。

不明飞行物的目击事件与目击报告可分为四类：白天目击事件；夜晚目击事件；雷达显像；近距离接触和有关物证。部分目击事件还被拍成照片。

根据目击者所看到的飞碟大小，可分类如下：

（1）超小型无人探测机。

直径 30 厘米左右较多，有的飞碟会飞进房屋内。在标准大小 UFO 出现前发现这样大小飞碟的情况居多，通常为球形或圆舟形。

图为英国国防部曝光的UFO绝密文件

在马来西亚也曾发现迷你型 UFO 载有体型小的外星人的报

道，所以也不能断定迷你型 UFO 一定为无人探测机。

（2）小型侦察机。

直径在 1 到 5 米左右。曾有人目击到此大小的飞碟着陆，并由飞碟中走出外星人，外星人还在降落点周围进行各项调查。

（3）标准型联络船。

直径在 7 到 10 米以上，以圆盘形较多。像最常见的 UFO，可能是与外太空及地面调查的飞碟互相联络用；地球人被绑架到飞碟的事件，也几乎都是此形飞碟的杰作。

（4）大型母船。

直径由几百米到几千米不等，以圆筒形及圆盘形居多。在几千米到 1 万 ~2 万米高度被看到的情况较多，降落在地面的目击案例则没有。

除了上述形状的以外，还有类似直升机形的飞碟。后来并有云状 UFO 或发光体型 UFO 在世界各地出现。假若 UFO 是外星人飞行器的话，那么此形状的飞碟应是最适合宇宙飞行的。但也有研究人员指出，云状 UFO 可能是圆筒形或圆盘形 UFO 等所排放的云状物，而非 UFO 机体。

目前对于 UFO 的解释，归纳起来主要有以下四种：

（1）自然现象。

某种未知的天文或大气现象，地震光，大气碟状湍流（一些科学家认为 UFO 现象是由环境污染诱发的），地球放电效应。

　　1974年3月，一位匿名目击者在安大略湖汉密尔顿附近拍下这张照片，当时那个奇怪的物体正在慢慢靠近他。这个物体呈现黑色，跟两年后人们在阿根廷森特诺看到的物体非常类似

（2）对已知现象或物体的误认。

被误认为UFO现象的因素或物体有：

◆天体（行星、恒星、流星、彗星、陨星等）；

◆大气现象（球状闪电、极光、幻日、幻月、爱尔摩火、海市蜃楼、流云、地光）；

◆生物（飞鸟群、蝴蝶群等）；

◆生物学因素（人眼中的残留影像，眼睛的缺陷、对海洋湖泊中飞机倒影的错觉等）；

◆光学因素（由照相机的内反射、显影的缺陷所造成的照片假象，窗户和眼镜的反光所引起的重叠影像等）；

◆雷达假目标（雷达副波、反常折射、散射、多次折射，如来自电密层或云层的反射或来自高温、高湿度区域的反射等）；

◆人造器械（飞机灯光或反射阳光、重返大气层的人造卫星、点火后正在工作的火箭、气球、军事试验飞行器、云层中反射的探照灯光、照明弹、信号弹、信标灯、降落伞、秘密武器等）。

（3）心理现象。

有人认为UFO可能纯属心理现象，它产生于个人或一群人的大脑。UFO现象常常同人们的精神、心理经历交错在一起，在人类大脑未被探知的领域与UFO现象间也许存在着某种联系。

（4）地外高度文明的产物。

有人认为有的UFO是外星球的高度文明生命制造的航行工具。

目前，全世界约有三分之一国家都在开展对 UFO 的研究。关于 UFO 的专著约有 350 余种，各种期刊近百种。

对不明飞行物目前已有不少官方和民间机构在进行研究。世界上较大的研究机构都拥有一批专家参与这项工作，包括天文学家、植物学家、生物学家、医生和精神病学专家、化学家和物理学家，还有航空、土木、电气、机械和冶金等方面的工程师，以及语言学家、历史学家等。在美国，一些理工大学甚至已经把不明飞行物问题正式列入博士论文的选题，部分大学和空军院校还开设了不明飞行物课程。

中国也建立了以科技工作者为主的民间学术研究团体——中国 UFO 研究会，关于 UFO 的科普刊物《飞碟探索》于 1981 年创刊问世。

随着科技的发展和互联网的普及，越来越多的 UFO 目击事件通过网络渠道呈现在了人们的眼前，而一些媒体为了利用人们的好奇心理来制造卖点，频繁地大肆渲染有关 UFO 的发现，在这种背景下，民众对 UFO 的兴趣也被激发到了一个空前的高度。

UFO，真实还是炒作？让我们随着本书去一探究竟！

第一章 古籍里的惊天记载

浩瀚的古书中有太多关于不明飞行物的记录，而这些记录都无法用天文知识及一般常识来解释。任何一位坚决否定飞碟存在的人，面对这些历史上的记录，都只有瞠目结舌的份。

中国古代的天文史料是全世界最多的。除民间传说外，大量有关不明飞行物的记载散见在包括史书在内的各种文献之中。透过这些历史的痕迹，我们可以依稀窥见发生在那些年月里的惊天异事。

1. 史籍：不安分的“日”“月”

古代史籍中关于 UFO 形状的描述，多种多样，而其中许多材料都提及它们跟太阳相像。

《资治通鉴》："西汉武帝建元二年（公元前 139 年）夏四月，有星如日，夜出。"《汉书·武帝本纪》也有"四月戊申，有日夜出"的记载。《丹铅总录》对此事件特地进行了研究："汉书建元二年有如日夜出，日不夜出，夜出非日也。"可见，古人也都知道晚上出现在天空的一定不是太阳。

《后汉书·五行志》："后汉灵帝建宁元年（公元 168 年），日数出东方，正赤如血无光，高二丈余，乃有景（影），且入西方，去地二丈亦如之。"

这个红色的"日"，因为离地较近，因此才能看见它的影子。

《资治通鉴》："西晋愍帝建兴二年（公元 314 年）正月辛未，有三日相承，出西方而东行。"此事件在《晋书·愍帝本纪》中也有记述："正月辛未辰时，日陨于地，又有三日相承，出于西方而东行。"

《晋书·郭璞传》："西晋元帝永昌元年（公元 322 年）十月四日，日出山六七丈，精光潜昧，而色都赤，中有异物，大如鸡子，又有青黑之气共相搏击。"

《建康志》："梁武帝普通元年（公元 520 年）九月乙亥，夜

— 11 —

有日见东方，光烂如火。"

《续通鉴》："宋太祖建隆元年（公元 960 年）正月癸卯，匡胤军中知星者河中苗训，见日下复有一日，黑光摩荡。"

《续通鉴》："宋徽宗宣和七年（公元 1125 年）十二月庚申，日有五色晕，挟赤黄珥，又有重日相荡摩，久之乃隐。"

《金史·天文志》："（公元 1231 年）三月庚戌酉正，日忽白而失色，乍明乍暗，左右有气似日而无光，与日相凌，而日光四出，摇荡至没。"

《续通鉴》："元顺帝至正十六年（公元 1356 年）三月，有两日相荡。"此事件又被详细记在《乐郊私语》上："元顺帝至正十六年三月，日晡时，天忽昏黄，若有霾雾，市中喧言：天有二日。果见两日交而复开，开而后合。"

《湖广通志》："明世宗嘉靖四五年（公元 1566 年）八月，华容县西，忽天开日斗。"

太阳怎么会互斗呢？"互斗"，说明在太阳旁边又出现了一个新的"太阳"。

《四川通志》："万历廿二年（公元 1594 年）春正月，綦江见日下复有一日，相荡数日乃止。"

《明通鉴》："明熹宗天启元年（公元 1621 年）二月廿二日，辽阳有数日并出，又日交晕，左右有珥，白虹弥天。"

天上出现数个太阳，并且"左右有珥"，这个发光体的形状不就是现在大家熟悉的圆盘状中间突出的 UFO 吗？

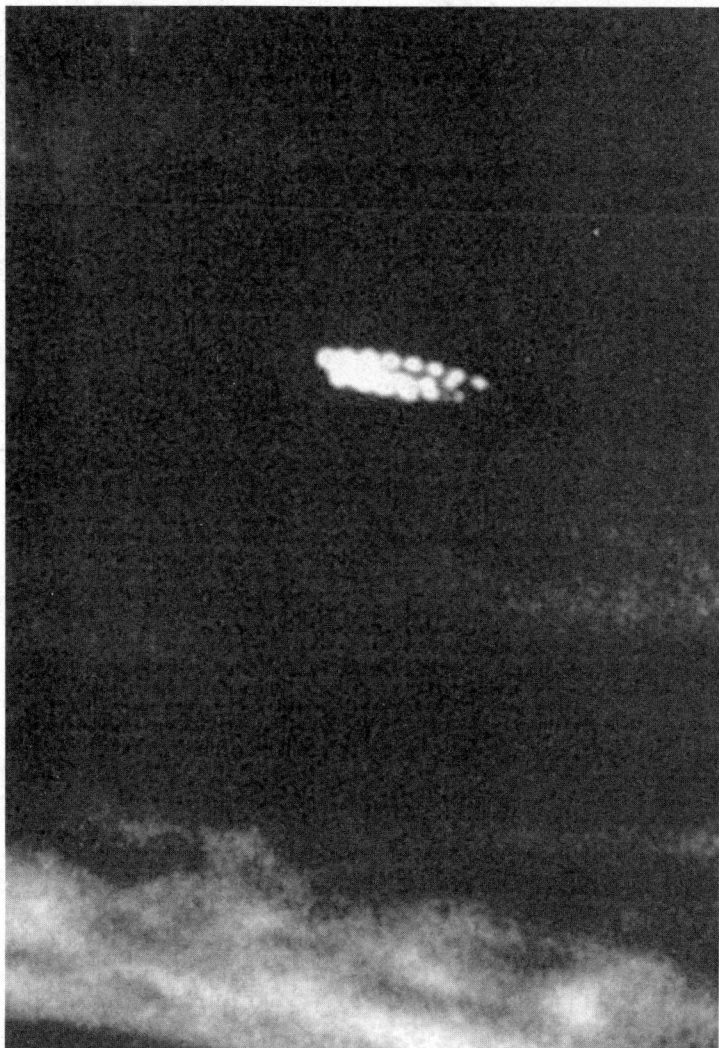

　　这是 1979 年 10 月 27 日早晨从新西兰上空的一架飞机上拍摄的众多照片中的一张

《海盐县志》："清顺治十年（公元 1651 年）闰六月廿四日，夜三更，红日出东北方，大如斛。夜半月始升，灭不见。"

三更出太阳？稍微有点常识的人就知道其不可信。显然，这个"太阳"正是一个发光的 UFO。

另外，在中国古代史籍中，关于月亮形状的不明飞行物也有诸多描述。

《廿五史天文志》："东汉桓帝延熹八年（公元 165 年）正月辛巳，月蚀，非其月。"

古人早已明指"非其月"，可见不是月亮。那么，它是什么呢？

《资治通鉴》："西汉成帝（公元前 32 年）建始元年八月，有两月相承，晨见东方。"

《汉书·五行志》："成帝建始元年秋八月，有两月重见。"

《唐书·天文志》："唐太宗贞观年间（公元 630 年左右），突厥有三月并见。"

我们都知道，月亮只有一个。因此，既然出现了"两月"甚至"三月"，那么其中必定有像月亮但却绝非月亮的不明物体。

《新刊大宋宣和遗事》："宋徽宗政和六年（公元 1116 年）十一月，有星如月，徐徐南行，而落光照人物，与月无异。"

《续通鉴》："（公元 1117 年）十二月甲寅朔，有星如月。"

《续通鉴》："元顺帝至正十年（公元 1350 年）六月壬子廿九日，有星大如月，入北斗，震声若雷，三日复还。"

这些"如月"的星，应该不会是自然的星。

《明通鉴》："明英宗正统十四年（公元 1449 年）八月辛未日，月昼见，与日并明。"

月亮在白天被看到，这本来并不是什么稀奇的事，但这个"月亮"却和太阳一般的明亮，这就超出了常理。

2. 史籍：难以理解的"怪星"

在古书中，有很多关于怪星的记录，而其中不少记录根据天文学知识来判断是不可能出现的。在今天看来，它们其实就是 UFO。

古人已知天上有日、月、星三种，并把它们称为"三光"。而星又有最熟悉的五星、流星、客星（超新星）、彗星，等等，其中五星指太白（金星）、荧惑（火星）、岁星（土星）、填星（木星）和辰星（水星），这些星各自都有其运行轨道，是不会乱运行的。然而翻诸史籍，便会发现其中有许多"错行"的星。如：

《资治通鉴》："汉景帝前二年（公元前 155 年）八月，荧惑逆行守北辰，月出北辰间，岁星逆行天庭中。"

《资治通鉴》："汉景帝后元三年（公元前 141 年）十二月晦，雷，日如紫，五星逆行，守太岁，月贯天庭中。"

在此次事件中，不仅五星逆行，而且"月贯天庭中"（指月球在短时间内横过天空），可见，这应该是一个和月亮差不多大的白色发光体才对。

《汉书·天文志》："十五年（公元 72 年）十一月乙丑，太白入月中。"

太白金星怎么会脱离自己的轨道跑到月球里呢？

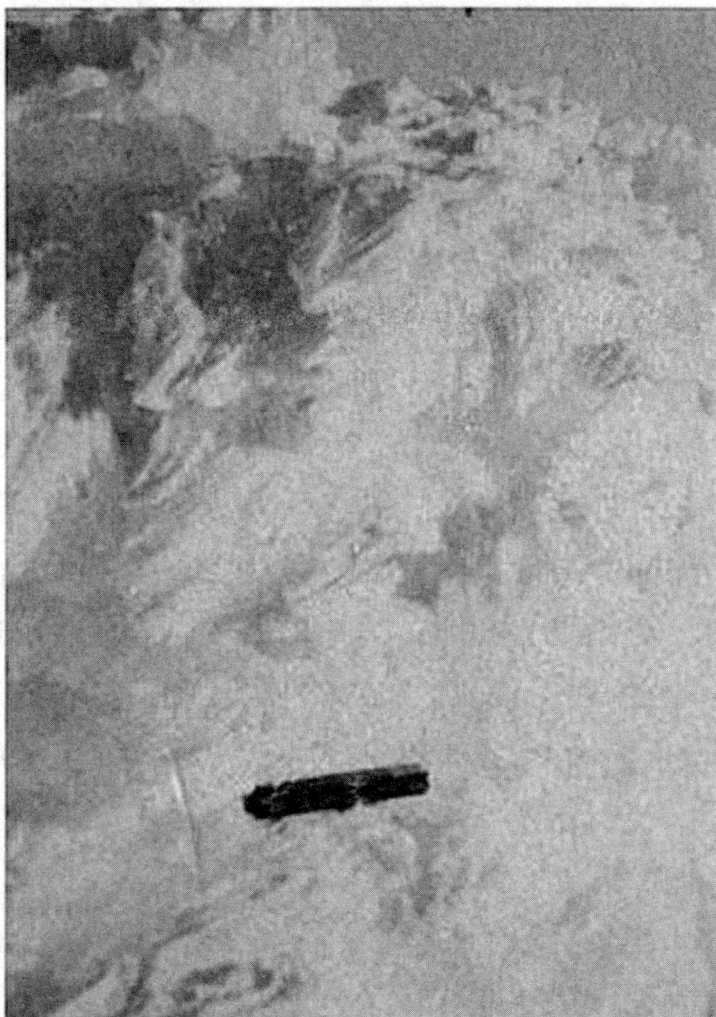

这是声称发现 UFO 的最早的一张照片。据说，这张照片是
1870 年在位于新罕布什尔州的华盛顿国会山山顶上拍摄的

《晋书·惠帝本纪》："永宁元年（公元301年）春正月乙丑，赵王伦篡帝位。丙寅，迁帝于金墉城，号曰太上皇，改金墉为永昌宫。废皇太孙臧为濮阳王。五星经天，纵横无常。"

《资治通鉴》："西晋惠帝永宁元年（公元301年）夏四月，岁星昼见。"

岁星，即木星，白天怎么会看得到呢？

《资治通鉴》："东晋安帝十一年（公元415年）九月，荧惑出东井（双子座），留守句己，久之乃去。去而复来，乍前乍后，乍左乍右。"

荧惑（火星）有自己固定的轨道，怎么会如此地飞来飞去呢？

《新唐书·天文志》："唐昭宣帝天佑二年（公元905年）三月乙丑，夜中有大星出中天，如五斗器，流至西北，去地十余丈而止，上有星芒，炎如火，赤而黄，长五丈许而蛇行，小星皆动而东南，其陨如雨，少顷没，后有苍白气如竹丛，上冲天，色懵懵。"

《新唐书·天文志》："唐宣帝天佑三年（公元906年）十二月昏，东方有星如太白，自地徐上，行极缓，至中天，如上弦月，乃曲行，顷之分为二。"

这颗由下往上飞起来的如太白的"星"，不仅速度很慢，而且还能一分为二，正是典型的UFO。

《资治通鉴》："后汉隐帝干佑二年（公元949年）四月壬

— 18 —

午，太白昼见，民有仰视之者，为逻卒所执，史弘肇腰斩之。"

白天出现金星，有人抬头去看，竟然被抓了起来，而且有人被处以腰斩之刑，这可能吗？

《续通鉴》："宋哲宗元佑二年（公元 1087 年）六月壬寅，有星如瓜出文昌。"

像瓜一样的"星"，是星吗？

《续通鉴》："宋孝宗淳熙十三年（公元 1186 年）八月乙亥朔，日月五星聚轸（乌鸦座）。"

那一天是朔日，而朔日是根本见不到月亮的，可是"日、月、五星"竟然在该日统统会集在乌鸦座，这是天文学上绝不会出现的天象。

《续通鉴》："宋宁宗嘉定十五年（公元 1222 年）七月乙亥，太白昼见，经天，与日争光。"

金星竟然能在白天与太阳争光？

《续通鉴》："宋帝德佑元年（公元 1275 年）三月丁亥，有二星斗于中天，顷之，一星陨。"

二星相斗，并且其中之一斗败陨落，这和现代因战争导致的飞碟坠毁事件何其相似！

《续通鉴》："元顺帝至正廿四年（公元 1364 年）六月甲辰，河南府有大星夜见南方，光如昼。"同月，又有"癸卯，三星昼见，白气横突其中"的记载。

　　1942 年，美国的一位摄影师在中国湖北省襄樊市的街头遇见了 UFO，值得庆幸的是他及时按下了快门。照片中清晰地显示有不少人都注意到了这个物体

《明通鉴》："明太祖洪武十八年（公元 1385 年）九月戊寅，太白经天，与荧惑同度，又有客星见太微垣。乙酉，太白复昼见，丁亥又见，犯荧惑。"

金星怎么能横过天空，来到火星处？

《明史》卷廿七："永乐二年（公元 1404 年）十月庚辰，辇道东南有星如盏，黄色，光润而不行。廿二年九月戊戌，有星见斗宿，大如碗，色黄白，光烛地，有声。如撒沙石。"

这黄色并且还能发出声音的像"盏"和"碗"一样的"星"，究竟是什么呢？

《明通鉴》："明孝宗弘治元年（公元 1488 年）七月，御史曹上言：'星陨、地震及金、木二星昼见。'"

《廿四史》："明世宗嘉靖廿九年（公元 1550 年）六月戊申，太白昼见，连日阴雨，凡昼见者七日。"

既然是连日阴雨，那么天上一定有厚云，怎么还能见到金星呢？

3. 生动的目击报告

尽管对 UFO 的研究是近几十年的事，但关于 UFO 的记载却可以追溯到几千年之前。

在《圣经·创世纪》中就有关于 UFO 的记载：

"当三十年四月初五日，天就开了，得见神的异象。我（以西结）观看，见狂风从北方刮来，随着有一朵包括闪烁火的大云，周围有光辉，从其中的火内发出好像光耀的精金；又从中显出四个活物的形象来，他们的形状是这样：有人的形象，各有四个脸面、四个翅膀，他们的腿是直的，脚掌好像牛犊之蹄，都灿烂如光明的铜；在四面的翅膀以下有人的手。"

在东晋王嘉的《拾遗记》卷四之中，记载有秦始皇遭遇 UFO 的情景：

"有宛渠之民，乘螺舟而至。舟形似螺，沉行海底，而水不浸入，一名'沦波舟'。其国人长十丈，编鸟兽之毛以蔽形。始皇与之语，及天地初开之时，了如亲睹。"

很明显，这种"形似螺"的"沦波舟"，就是今天所说的飞碟（UFO）。这些外星人乘坐这种水陆两用的交通工具，日行万里，并且对洪荒时代的地球"了如亲睹"。可见，他们很早就曾驾着 UFO 光临过地球。

最早的有关不明飞行物的照片之一。这是 20 世纪 20 年代在美国某地拍摄的

在唐朝人段成式所撰的《酉阳杂俎》卷一第三八则中，记载着一起大约发生于公元 823 年前后的 UFO 事件：

"长庆（唐穆宗年号）中，八月十五夜，有人玩月，见林中光属天，如疋布，其人寻视之，见一金背虾蟆，疑是月中者，工部员外郎张周封尝说此事，忘人姓名。"

此事在《学津》、《津逮》、《稗海》各书中也都记载，工部员外郎这位政府高官都在说，可见是一件确实的事。文中用"金背虾蟆"来形容此物的形状，的确和飞碟一样，而且放出的光芒能照天，确确实实是一个发强光的 UFO。

宋神宗熙宁四年（公元 1070 年）十一月三日，著名诗人苏轼被调离京师，任命为杭州通判。在上任途中，他来到江苏镇江金山寺游玩，当晚在江边吟诗时，苏轼遭遇到了一个令他难以识别的发光物体，于是便根据自己的所见，写了一首诗，题为《游金山寺》，诗中写道：

> 是时江月初生魄，二更月落天深黑。
>
> 江心似有炬火明，飞焰照山栖鸟惊。
>
> 怅然归卧心莫识，非鬼非人竟何物。
>
> 江山如此不归山，江神见怪警我顽。
>
> 我谢江神岂得已，有田不归如江水。

那是十月初的一天，西天的月牙在二更以前落下去了。在这深黑的夜空里，突然"江心似有炬火明"，作者刚开始见到的是在江面上一个仿佛"炬火"一般明亮的发光体。接着那发光体越

来越明亮，而且不断飘动，倏忽之间飞到那边的山林上空。由于光焰眩目，以至山上的"栖鸟"都被惊飞了起来。

读过《石钟山记》的人都知道，苏轼是一个不迷信鬼神、探求真知的人，而且又博学多才。但是，尽管他博学，尽管他善于求根问底，这次却也"怅然归卧心莫识"，怎么也闹不明白这"非人非鬼"的究竟是什么东西，最后，只能解释是江神在向他示警。

苏轼在那天夜晚所发现的"非人非鬼"的发光物体，也许正是我们所讲的 UFO。

下面我们再来看宋代大科学家沈括在《梦溪笔谈》的《异事》篇第 369 条中的记载：

"嘉佑中，扬州有一珠甚大，天晦多见。初出于长县陂泽中，后转入甓社湖，又后乃在新开湖中，凡十余年，居民行人常常见之。余友人在新开湖上，一夜忽见其珠甚近，初微开其房，光自吻中出，如横一金线。俄顷忽张壳，其大如半席，壳中白光如银，珠大如拳，烂然不可正视，十余里间林木皆有影，如初日所照，远处但见天赤如野火。倏然远去，其行如飞，浮于波中，杳杳如日。古有明月之珠，此珠色不类月，荧荧有芒焰，殆类日光。崔伯易尝为《明珠赋》。伯易，高邮人，盖常见之。近岁不复出，不知所往。樊良镇正当珠往来处，行人至此，往往循船数宵以待现，名其亭为'玩珠'。"

　　1979 年 9 月 19 日，在德国上空，一个飞碟在"追赶"一架
"鬼怪"战斗机。这张照片是卡尔·梅尔博士拍摄的

沈括是我国历史上一位在天文、物理、地质、医学等多方面有杰出成就的科学家，《梦溪笔谈》是他在一生的最后八年中，弃官隐居在梦溪园（今江苏镇江市东郊）时写成的。

他所记载的"扬州明珠"一事，具有如下典型特征：

（1）出没地方广："初出于天长县陂泽中，后转入甓社湖，又后乃在新开湖中。"

（2）目击证人多："凡十余年，居民行人常常见之。"

（3）高科技飞行特征明显：该物体能在湖泽之上"其行如飞""倏然远去"，并且在飞行中悄无声息，可见其动力系统决不是我们现今飞机、火箭所应用的空气动力学原理；另外，该物体还发出大功率的强大光亮，"烂然不可正视"。这个"大如半席"的通体发光物，就是在今天我们也很难制造出来，何况是宋代呢！

毫无疑问，这是一篇客观、细致、生动的 UFO 调查报告。

关于 UFO 的详细记载，历史上还有很多，下面我们再看几个例子。

在宋朝人庞元英所撰的《文昌杂录》中，记有宋神宗元丰年间（公元 1078 至 1085 年间）秘书少监孙莘老遭遇到的不明飞行物事件：

"庄居在高邮新开湖边，一夕阴晦，庄客报湖中珠见，与数人同行小草径中，至水际，见微有光彩，俄而明如月，阴雾中人面相睹。忽见蚌蛤如芦席大，一壳浮水上，一壳如帆状，其疾如

风。舟子飞小艇竞逐之，终不可及，既远乃没。"

这是一个在水中出没的 UFO 案例。

宋朝人洪迈所撰的《夷坚志》甲卷十九中有这样的一段记载：

"宋孝宗干道二年（公元 1166 年），赵清宪赐第在京师府司巷，以暑月不寐，启户纳凉，见月满中庭如昼，方叹曰：'大好月色。'俄廷下渐暗，月痕稍稍缩小，斯须光灭，仰视星斗粲然，而是夕乃晦日，竟不晓为何物光也。"

晦日，即每月的月底，而此时是无论如何都看不到满月的，但有人却看到月光如昼，那么，这个"月"是什么呢？

《夷坚志》壬卷三中，有一篇《夜见光景》的描写：

"临川刘彦立兄弟二人，一夕，屋后松树上圆光如日，高去地二丈余，即之则晦。一个日头忽起，从前山高出三丈，所照草木皆可辨，只比昼间色赤耳，如日夜出，色炎如火，附于地，犬吠逐之，光际地避隐。"

这个在夜间降落于地的 UFO，跟现在我们常见的许多报道非常相似。

明初文学家刘基在 1360 年前后的一个七月十五夜，曾亲眼见过 UFO，并写了一首《月蚀诗》来记载此事：

"招摇指坤月坚日，大月如盘海中出。不知妖怪从何来，惝恍初惊天眼联。儿童走报开户看，城角咿鸣声未卒...."

1929 年 4 月，一个物体盘旋在美国科罗拉多州沃德县的一个锯木厂上空

这个从海中飞出来的形状如盘的"大月",完全符合飞碟现象。

民国时,张瑞初在《西神遗事》中有如下记载:

"是夜,星光满天,却无月色。各人正在险滩,瞥见空中忽起一道圆光,大可亩许。圆光中有一紫一白两种色,此前彼退,此缩彼涨,各人看得眼花。足有五分钟,白光便不见,仅有紫光,在一圆光内渐缩渐小,初如笆,继如斗,如碗,如拳,如指,忽尽灭。众人静坐呆看,其他游客见者,无不惊异万分,议论纷纷,莫衷一是。"

这道所谓的"圆光",显然就是今天大家已经习以为常了的 UFO。

4.《赤焰腾空》

清朝末期，有位民俗画家叫吴友如，他于1884年在上海出版了一本以画册为主的《点石斋画报》，这可说是中国第一份画报。这份画报是与当时的报纸《申报》随报赠送的，后来集之成册，名为《吴友如画宝》。

在该画册第12集上册之第11页上，有一幅画叫《赤焰腾空》。

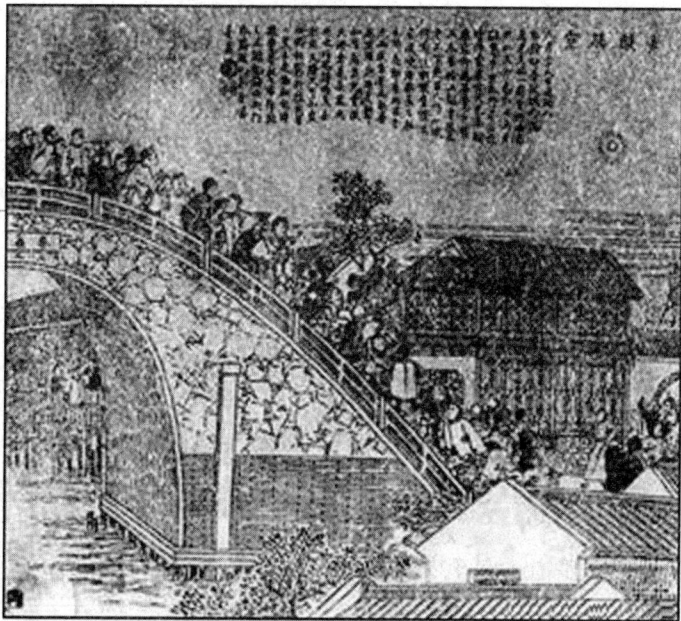

图为画作《赤焰腾空》

该画距今已近百年，画面上有许多身着长袍马褂的市民聚集

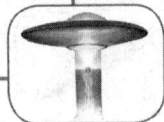

在南京朱雀桥头，仰望高挂在空中的一团火球而议论纷纷。画家在画面上方落款写到：

"九月二十八日，晚间八点钟时，金陵（今南京市）城南，偶忽见火毯（即球）一团，自西向东，型如巨卵，色红而无光，飘荡半空，其行甚缓。维时浮云蔽空，天色昏暗。举头仰视，甚觉分明，立朱雀桥上，翘首踮足者不下数百人。约一炊许渐远渐减。有谓流星过境者，然星之驰也，瞬息即杳。此球自近而远，自有而无，甚属濡滞，则非星驰可知。有谓儿童放天灯者，是夜风暴向北吹，此球转向东去，则非天灯又可知。众口纷纷，穷于推测。有一叟云，是物初起时微觉有声，非静听不觉也，系由南门外腾越而来者。嘻，异矣！"

吴有如的这篇题记，可谓是一篇详细生动的目击报告。火球掠过南京城的时间、地点、目击人数、火球大小、颜色、发光强度、飞行速度以及各种猜测又不得其解，皆有明确记述。一位老人还在它开始出现时，听到微微的响声。

从记载来看，这个飞行物速度不快，温度也不高，因此当人们举头仰视时，看得也很清楚。它停留的时间比较长，约有一顿饭时间。

这篇报道，不仅画面传神，尤其是所描绘的各色人物，惟妙惟肖，栩栩如生；而且文字简练，评论到位，把"火球"与"流星""天灯"一一比较、判别，显示了作者独特的观察和分析能力。

《赤焰腾空》是我国最早的一幅关于 UFO 的图画，在世界上也是罕见的。此画约作于 1892 年（光绪十八年），在一百多年前，世人尚无飞碟和 UFO 之说法，画家显然未能意识到，这幅《赤焰腾空》图会成为我们今天研究 UFO 的一则珍贵历史资料。

第二章　沉默的遗迹

在荒凉的纳斯卡高原上，人们发现了一幅幅只有在空中才能看得出来的巨大的飞行跑道图案。在史前的隧道里，人们发现了状似飞机的壁画和模型。在与世隔绝的山洞中，人们发现了数百块记载着惊天秘闻的石碟。所有的这一切，都似乎在向人们透露着某种神秘而又确定无疑的信息。

难道，数千年前便有人看到过会飞的机械装置？难道，地球上真的曾经光临过异乡的来客？这些沉默的遗迹，究竟隐藏着怎样的秘密？

1. 荒原上的"跑道"

1938 年，一位秘鲁飞行员驾驶着单座螺旋桨飞机，沿着秘鲁的海岸飞行，欣赏着太平洋的波涛与安第斯山脉左侧的风光。当这位飞行员飞到濒临大海、位于安第斯山脉的高原古城纳斯卡一带地区的时候，突然从距地面约 500 米的空中发现在古城纳斯卡附近的山谷之中，有一块形状奇特的沙漠，而在沙漠中还纵横交错着像运河一样的白色带状网络。于是，飞行员在一张纸上画下了这块沙漠的图形，它长约 60 千米，宽约 5 千米，并且也标明了他所看到的"运河"。

飞行结束之后，这位飞行员来到秘鲁首都利马的民族博物馆，亲自向博物馆馆长讲述了自己的发现，并且把自己画成的这张地图交给了博物馆馆长。

民族博物馆的馆长听完了飞行员的故事以后，根本就不相信会有这么回事儿，因为他知道飞行员所说的那个山谷就是帕尔帕山谷，是纳斯卡高原的一部分，而纳斯卡高原是世界上最干旱的地区之一，一年之中很难下一次雨，有时候甚至几年都不会下一次雨。至于飞行员所画的那块名叫帕姆帕的沙漠，虽然在当地印第安人语言里的意思是绿茵遍地，但实际上却寸草不生，地面上长年覆盖着一层薄薄的黑褐色的沙砾。因此，博物馆长等飞行员一离去，就吩咐将这张地图存放在古代文书保管所的档案里面，

从此以后也就再也没有过问此事了。

1939年，为了完成关于古代引水系统的博士论文，纽约长岛大学的保罗·科学克教授来到了民族博物馆，在古代文书保管所的档案里面发现了这张地图，并对此产生了极大的兴趣。

他一边看着地图上那些互相交错的线条——有些直线互相平行，有些直线交叉成各种形状的几何图形，除此之外，还有一些弯弯曲曲的线条，一边激动而紧张地思考着：难道这块面积将近300平方千米的帕姆帕沙漠，有可能就是早已消失的一块古代绿洲吗？

于是，当科学克教授从博物馆长那里打听到了那位飞行员所说的情况以后，就决定组织一支考察队前往帕姆帕沙漠。

科学克教授带领着考察队来到帕姆帕沙漠，在灼热阳光的照射下，在黑褐色的沙砾上，他们果然很快就找到了飞行员所说的白色带状的运河。只不过，考察队发现这些所谓的运河仅仅是一些深度在15到20厘米左右，而宽度不到10米的浅沟。有的浅沟弯弯曲曲并不很长，而有的浅沟则笔直一线，但最长的也不过2000来米，因而很难想象在平坦的绿洲上面，会用这样的浅沟来引水灌溉。即使是古代的人们也不会这样做，因为在古埃及的绿洲之中，人们建造的灌溉渠道与现在人们所建造的其实是相差无几的。

那么，这些浅沟到底是什么呢？

　　两位新西兰空军摄影分析师用"高深莫测"来容这张照片。

照片是 1979 年 10 月 27 日早晨从新西兰上空的一架飞机上拍摄

到的

　　考察队接着就开始进行实地测量，以便弄清楚这些浅沟是不是远古灌溉渠道遗留下来的痕迹。

　　考察队员们手里拿着指南针，一边沿着浅沟前进，一边在地形测量图上记载下每条浅沟的方位及形状。不久，考察队员们就结束了测量，各种各样的浅沟也在测量图上被标示了出来。

　　科孛克教授拿过所有的测量图一看，不禁大吃一惊，差一点不敢相信自己的眼睛，他立即让考察队员们都过来看一看。

　　原来，测量图上竟出现了一幅喙部凸出的巨鹰图案！巨鹰的翅膀展开，翼长各约 90 米，尾部长达 40 米左右，同时，巨鹰喙部的长度几乎有 100 米，并且与一条长约 1700 米的笔直的浅沟连接在一起。

　　随后，考察队员们又找到了许多白色的浅沟，经过测量以后，发现所有的浅沟都分别构成了一些奇异的图案，比如说有一些浅沟就构成了一幅章鱼的图案，上面还有着 8 条弯弯曲曲的腕足。于是，科孛克教授决定带着考察队员们乘坐飞机，对大家所发现的古代奇观，来一次空中观赏与考察。

　　飞机很快就上升到 500 米的高度，然而，除了黑褐色的沙砾以外，所有的人都没有看到沙漠上有任何的东西，既没有巨鹰和章鱼，也没有其他的图案，甚至连一条浅沟都看不到！自己亲自在地面上找到的东西，竟然会在空中消失，这让整个考察队感到迷惑不解。

　　如果说是因为飞机飞得太高，在空中看不见，那么，当年那

位飞行员不正是在 500 米的高度发现了白色运河吗？

科孛克教授与其他考察队员商量以后，认为应该继续保持 500 米的高度，在帕姆帕沙漠上空寻找这些失踪的图案。于是，飞机在帕姆帕沙漠的上空继续盘旋。当飞机在帕姆帕沙漠上空兜了几个圈子以后，考察队员们突然看见了那些自己早已在地形图上非常熟悉的图案。

然而，这些图案是什么人"画"的？又是怎样在帕姆帕沙漠上"画"出来的？这些图案的用途何在？科孛克教授和他的考察队员们带着这些疑问离开了帕姆帕沙漠。

正当科孛克教授准备再次对帕姆帕沙漠进行考察，以揭开这些疑问的谜底的时候，第二次世界大战爆发了，考察的计划不得不暂时中止。不过，在第二次世界大战期间，帕姆帕沙漠当地的一位女教师，仍然按照考察队当年所使用的测量方法，独自坚持在帕姆帕沙漠中对浅沟进行考察。

在数年来的考察中，除了又发现了许多笔直的浅沟，以及由这些浅沟形成的圆形和螺旋形图案之外，这位女教师还找到了其他的许多种图案。其中有高达 80 米的卷尾猴，体形在 46 米左右的蜘蛛，几乎长达 180 米的蜥蜴，以及巨大的鱼类、穿山甲、蚂蚁等等图案。同时，这些动物图案每隔几千米，就会以同样的形状和大小重复地出现。

更为重要的是，这位女教师还发现了大得多的人形图案，其中一个人形图案，身躯直立，两手叉腰，高达 620 米；而另一个

人形图案虽说没有脑袋，但他的每只手上却有 6 个手指。

到今天,考古学家们共发现了成千上万这样的线条,它们有些绵延8千米

自从纳斯卡线被人"发现"后，它的起源及目的对人们一直都是个谜。从那时起，很多专家就致力于解开这些沙漠绘画之谜。

当第二次世界大战结束以后，科孛克教授又重返帕姆帕沙漠，看到了女教师的所有发现，再加上自己上次的考察结果，于是开始进行反复地核查。

结果，他发现许多笔直的浅沟保持着由南向北的方向，与指南针的刻度相对照，其精度相差还不到一度。但是，根据当时对古代印第安文化的研究，由于该地区处于南半球，古代的印第安人根本看不到北极星，所以无法进行南北方向的定位。即使在西班牙殖民者到达美洲以后，也没有使用指南针进行大地测量的历史记录。

那么，大量这样的图案集中出现在帕姆帕沙漠这块长方形的

地面上，究竟意味着什么呢？

图为高空拍摄的纳斯卡线

一天下午，科孛克和女教师正一道观察着那幅巨鹰图案。突然，科孛克发现即将消失在地平线上的太阳所发出的最后的余光，正好和与巨鹰的长喙相连的那条笔直的、长度约 1700 米的浅沟完全重合，而这一天恰恰是冬至。在半年以后的夏至这天下午，科孛克在巨鹰的长喙旁边，再次看到日落之时的太阳光线与那道笔直的长长的浅沟又完全重合在了一起。

由此，科孛克推测帕姆帕沙漠中出现的各种图案与天文现象有关。进一步研究的结果表明，这些图案有可能与星相的运转有着直接的关系，而秘鲁的文物专家梅森教授甚至还说所有的图案有极大的可能是某种宗教中的符号，并且由它们构成了一部历法。

考古学家们在实地考察后，发现这些由线条构成的图案其实是由深褐色表土下显露出来的一层浅色卵石造就的。这些图案是

将地表褐色岩层刮掉 3~4 厘米，露出浅色岩层而形成的，线条平均宽度 10~20 厘米，有的线条则宽达 10 米。

纳斯卡高原的降雨量很少，每年最多只下半小时雨，有人估计，这里也许已有一万年没有正式下过大雨。正是由于这一特殊条件，荒原上的那些神秘图形才能历时 1500 余年而依然完整无损。

据考察队的专家计算，每砌成一条线条，就需要搬运几吨重的小石头，而图案线条中那精确无误的位置又决定了制作者必须依照精心计算好的设计图才能进行，并复制成原来的图样。而当时的纳斯卡居民尚处于原始社会，那么这些巨画到底是怎样制作出来的呢？

德国天文学家玛丽亚·赖希小姐认为，古代居民可以先用设计图制作模型，然后把模型分成若干部分，最后按比例把各部分复制在地面上。另一些人认为，这些巨画是按照空中的投影在地面上制作的。这样解释虽能比较直截了当地解决设计和计算的困难，但却引出更多的问题。古代纳斯卡人不可能掌握飞行技术，那么，是谁在空中进行投影呢？

纳斯卡高原地处秘鲁西南部，地理环境极其恶劣，贫瘠而又荒凉，故此才有"纳斯卡荒原"之称。美国航天总署也为这里的恶劣生态环境而震惊，感到它与火星上的环境有些类似，曾一度专门派人研究这个地区，想用它来进行火星生命能否生存的实验。

这张照片是加尔莫·尼坎恩在 1973 年到 1979 年间，在他位于芬兰索宁湖城的住宅周围拍摄的众多"微型 UFO"照片中的一张。

　　同时，纳斯卡高原上的土著居民的社会发展程度也非常低下，有些领域至今还停留在石器时代。但是，这幅巨画却表现出高度的设计、测量和计算能力，同时也显示出建造者对几何图形的极高的认识程度。这些都与纳斯卡高原现有的社会发展水平形成强烈的反差。

　　西方不少天文学家推测，"纳斯卡荒原"在古代很可能曾经是"外星人"设在地球上的一个宇宙航空港，扇形场地很可能是一个宇宙机场，而巨画里的各种神秘的图案可能是远古时代迎接外星人飞碟着陆的导航标记。他们之所以这样认为，是因为根据美国航天飞机拍下的图片，在百万米高的太空中即可看到纳斯卡巨画的线条，而只有从300米以上高空才能看清这些巨画的全貌，因此，巨画只能是为从空中向下观看它的人绘制的。而在遥远的古代，有谁能从高空或太空中观看这些巨画呢？

　　显而易见，只有外星人才有这种能力和必要。

　　如果从古城纳斯卡向海洋的方向望去，就会看见在皮斯科海湾的岸边，一堵巨大的红色岩石峭壁迎着海面高高耸立。在笔直如削的石壁上，还雕刻着一幅高达270米的奇特而古老的图案，远远看上去就像是希腊神话中的海神波塞冬手中所持的三叉戟。

　　峭壁上的这个图案之大，在离海岸20千米的海面上就能够看到。当初西班牙人乘船驶入皮斯科海湾的时候，还以为这个类似三叉戟的图案是一个表示三位一体的神圣象征，标志着上帝赐予他们征服异教徒的权力。不过，这只是西班牙人一厢情愿的遐

想，因为这一图案在这块巨大的红色岩石峭壁上面早已出现，已不知经历了多少风吹雨打的漫长岁月。

其实，只要乘坐飞机在皮斯科海湾与帕姆帕沙漠之间来回地飞上一圈，在皮斯科海湾的上空，就可以看到海岸峭壁上的三叉戟图案中，中间最高那一戟的戟尖，正好不偏不倚地直接指向帕姆帕沙漠方向；而在帕姆帕沙漠的上空，则可以看到长方形的沙漠中，边长较短的那两边，恰恰正对着皮斯科海湾的方向。如果在地图上面用直线将这两个目标连接在一起，便可以看到从峭壁上三叉戟中间那一戟的戟尖，指向沙漠中较短一边的中间。连接这两者之间的直线最短；也就是说，这条由皮斯科方向的戟尖引出的直线，竟然垂直于帕姆帕沙漠方向的短边中心线。

这无疑表明：如果皮斯科海湾峭壁上面的三叉戟具有空中导航的作用，那么，帕姆帕沙漠就将是一个可供飞行器起降的降落场。

只要稍微动一下脑筋，便不难想象，在一个宽度约5千米、长度约为60千米的巨大降落场中，将要起降的飞行器会是何等的庞大。如果真是这样的话，它也许就只能是天外来客修建的降落场。

也许，天外来客在此降临的时代，距现在已经很久远了，那时候的帕姆帕沙漠，还真的是绿茵遍地，而整个帕尔帕山谷，包括纳斯卡高原在内，也还不像现在这样干旱。时过境迁，绿茵遍地的景象早已成为模糊的记忆，仅仅被保留在了语言的命名之中。而现在帕姆帕沙漠上的所有图案，也许正是当年天外来客离开的时候，留下来的关于此次地球之行的种种印象——降落场附近大

海中与高原上的各种动物，以及降落场在星际航行中的方位……

所有这一切都只是可能的也许，现在能够看到的当年的遗留物，就是那个也许曾经是降落场的帕姆帕沙漠。过去的绿茵遍地早已成为遍布黑褐色沙砾的荒原，还有这些各种各样的刚发现不久的图案。

至此，还可以问几个问题，并进行也许算是提供了答案的回答。

为什么帕姆帕沙漠上面黑褐色的沙砾只是那么薄薄的一层？也许这不过是在宇宙飞船不断地起飞和降落的过程中，因飞行器下部发出大量的高热所造成的结果。

为什么留下的图案之中没有植物？也许是因为当时纳斯卡高原的地面上只生长着细小低矮的绿草，而没有高大的树木或可爱的花卉。

为什么两个人形图案存在着差异？也许是用来表示天外来客与地球人之间的发展差距，一个是智力与体力全面发展的，因而两手叉腰地昂首挺立；而另一个则是智力与体力发展不平衡的，因而没有头却多出一个手指。

……

以《众神之车》的作者冯·丹尼肯为代表的一些人认为："这幅巨画是天外来客光临地球时在他们的降临地建起的跑道，并且，从这幅巨画中我们可以看出，'跑道'有着明显的起始点和终止点。"

2. 远古的飞行器

1969年7月21日，一个名叫莫里斯的阿根廷人，将一份上面有着许多见证人并且已获得厄瓜多尔共和国承认的合法地契公诸社会，立刻引起了巨大的轰动。

在这份地契中，讲述了一个令世人难以置信的故事。

地契中最主要的部分说，莫里斯在厄瓜多尔共和国境内摩洛拿圣地亚哥省内的大隧道里发现了一些有着极大文化与历史价值的文物。这些文物主要包括一些石器和金属牌匾，它们形状和颜色各异，上面刻有各种标志和文字。莫里斯请求厄瓜多尔总统成立一个科学委员会来核定、评价这些文物的价值。

1972年3月4日，由厄瓜多尔考古学家法兰士和马狄维组成的科学调查小组，在莫里斯的带领下，对大隧道展开了调查。

隧道入口由一块大岩石凿通而成，几只夜鸟忽然飞出洞口，越发显得阴森恐怖。这个神秘入口，就是大隧道的入口，隧道在厄瓜多尔和秘鲁的地底绵延好几百千米。

调查队员钻进了神秘莫测的地下世界。进洞后是一段狭长的通道，伸手不见五指，他们开亮电筒和头盔上的射灯。接着，隧道便垂直往下，他们把一条绳子垂到下面75米的第一个平台上，然后沿绳而下。

然后，他们又沿绳下到第二平台和第三平台，每台高度都达

75 米。下到洞底，莫里斯领头摸索前进。

法兰士注意到，隧道的转角处都是直角形的严谨设计，有些很窄，有些又很宽，所有洞壁都很光滑，洞底非常平坦，很多地方像涂了一种发光颜料。很显然，这隧道并非天然形成的。

法兰士和马狄维先前对隧道是否存在所持的怀疑，顿时烟消云散。

他们来到一个大厅的入口。那大厅很宽敞，有一个飞机库那么大，很像配给中心或仓库，并有许多通道。

法兰士试图用罗盘测量这些通道的方向，但罗盘指针不动。在其中一条通道的入口处，有一副骸骨精心摆放在地上，上面洒满金粉，在调查队员的灯光照射下闪闪发光。

莫里斯、法兰士和马狄维目瞪口呆地站在这个巨大厅堂的中央。

大厅的面积约为21000平方米，中央有一张桌子，桌子的右边放有7张椅子。椅子既不像用石头、木材做的，也不像用金属做的，它摸上去好像是一种塑胶，但却坚硬沉重得像钢。

在7张椅子的后面，毫无规律地摆放着许多动物的模型，有蜥蜴、象、狮子、鳄鱼、豹、猴子、美国野牛、狼、蜗牛和螃蟹。令人惊异的是，这些动物都是用纯金做成的。

在桌子的左边，摆放着莫里斯的地契所提及的金属牌匾及金属箔。金属箔仅几毫米厚，65厘米高，18厘米宽。

经过仔细检查，法兰士仍无法知道这些牌匾是使用什么材料

制造的。那些金属箔看起来很薄、很脆弱，但竖起来却不弯曲。它们像一本对开的书籍那样摆放着，一页连着一页。每块金属箔上都井井有条地排满像用机械轧上去的文字。

据法兰士估计，这些金属箔至少有两三千块，但金属牌匾上的字却无人认识。他认为这间金属图书馆的创立者肯定想把一些重要的资料留传给遥远的未来。因为这个金属图书馆的制作者想让它永久保留。

莫里斯在大厅找到一个石刻，11.43 厘米高，6.35 厘米宽，正面刻着一个身躯为六角形的人，右手握着一个半月，左手则拿着太阳，令人惊奇的是它双脚站在一个地球仪上。这石刻是在公元前 9000 年至公元前 4000 年做成的，这说明那时的人就已经知道地球是圆的了。

法兰士拿起一块刻着一头动物的石刻，它有 29.20 厘米高，50.32 厘米宽。画面上所表现的动物有着庞大的身躯，正用它粗大的后腿在地上爬行。法兰士认为石刻画的是一只恐龙。

难道有人曾经见过恐龙？法兰士不敢再想象下去。

还有一块神秘石刻，刻画的是一具男人骨骼。法兰士仔细数了一下，石刻人的肋骨数竟为 12 对，这与我们现在所了解的人体骨骼构造非常吻合。

莫里斯又让法兰士看了一座庙宇的模型，上面绘有几个黑脸孔的人像，头戴帽子，手持一种枪形的东西。在庙宇的圆顶上，还绘有一些人像在空中翱翔或飘浮着。

地球上的不明飞行物

  这是 1945 年在美国加利福尼亚州伯班克拍摄的一张著名的照片。传奇人物杰克·里蒙德骑在马上，背后有一个神秘物体

此外，一些穿太空服的人像，更是让法兰士感到不可思议。

一个有着球状鼻子的石刻人，跪在一根石柱下，他头戴一顶遮耳头盔，极像现在我们用的听筒；一对直径 5 厘米的耳环则贴在头盔前面，耳环上钻有 15 个小洞；一条链子围住他的脖子，链子上有个圆形牌子，上面也有许多小孔，很像我们现在的电话键盘。

那些 180 厘米高的石像有的有 3 个脑袋，有的却是 7 个头颅；三角形的牌匾上刻写着不为人知的文字；一些骰子的 6 个面上刻着一些几何图形……这个隧道和它里面收藏着的稀世奇珍，可以说是法兰士他们见所未见的。

没有人知道，这个隧道系统是谁建造的，也没人知道这些稀世奇珍是谁遗留下来的。

据莫里斯讲，这个隧道的入口由一个印第安部落守卫着，这些印第安人和他们的三位酋长都把莫里斯当成可靠的朋友。

每年 3 月 31 日，酋长都要下到隧道的第一个平台进行祈祷。酋长的面颊两边都要贴上一个和隧道口岩石上的记号一样象征吉祥的装饰物。但酋长以外的人却不会进入隧道，他们认为隧道里住着鬼魂。

带着巨大的疑问，调查队沿原路退出了洞穴，赶往位于厄瓜多尔古安加的玛利亚教堂，因为基利斯贝神父收藏着许多来自隧道的珍宝。

在过去 20 年里，基利斯贝神父从印第安人那里收集到大量

石刻、金银制品等。神父带调查队参观了他的收藏室。第一号房间收藏的是石刻；第二号房间是金、铜和其他金属艺术品，据说是印加帝国的；第三号房间则全是纯金制品。

法兰士注意到一块金板，52 厘米高，13 厘米宽，1.3 厘米厚，上面有 56 个方格，每一格都刻有一个不同的人像。法兰士在隧道的金属图书馆里的那块金箔上，曾见过一模一样的人像。看来制造者似乎要用这 56 个符号或字母组成一篇文章。

尤其令人吃惊的是一个纯金制成的女人像。她高 30 厘米，头像两个三角形，背后焊接着一对细小的翅膀，一条螺旋形金线从她耳朵里伸出来。

她有着健康、发育完美的胸部，两脚跨立，但无手臂，穿着一条长裤，一个球形物浮立在她的头顶上面。

接着，马狄维又看到一只直径 21.25 厘米的铜饼，上面清晰地刻着两条栩栩如生的蠕虫、两个笑着的太阳、一个愁眉苦脸的半月、一颗巨大的星星和两张男性三角形面孔。铜饼中央有许多细小而突出的圆状物，其含义没人能理解。

基利斯贝神父收藏的大量金属箔，上面刻有星星、月亮、太阳和蛇。其中一块金箔的中央刻有一个金字塔，两边各刻有一条蛇，上面有两个太阳，下面是两个怪物及两头像羊的动物，金字塔里面是许多带点的圆圈。

在另一块刻有金字塔的金属箔上，两只美洲豹分别趴在金字塔两边，金字塔底刻着文字，两边可以见到两头大象。据说大象

在 1.3 万年前即在南美出现，那时地球上还没有产生文明。

最让法兰士震惊的是，他在基利斯贝神父这里见到了第三架史前黄金模型飞机。第一架他是在哥伦比亚的保华达博物馆见到的，第二架则仍放在大隧道里。

这架模型飞机从几何形的翅膀、流线型的机头及有防风玻璃的驾驶舱看，很像美国的 B-52 型轰炸机。

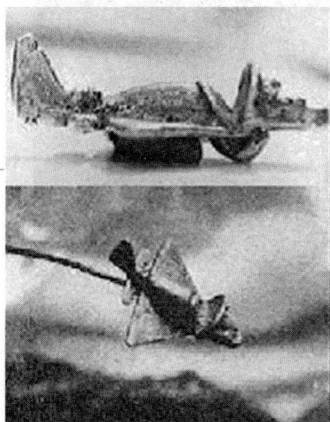

图为黄金飞机模型

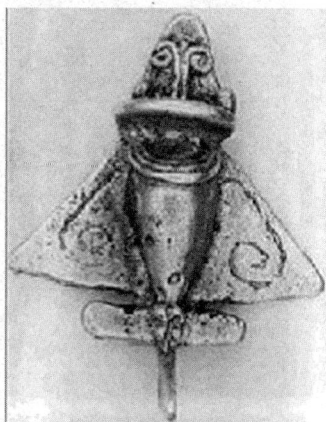

图为B-52型轰炸机

难道，史前便有人能够构想出一架飞机的模型？

众所周知，直到 1903 年，美国的莱特兄弟才制造出了地球上的第一架飞机。

1879 年，英籍考古学家韦斯在埃及东北部荒芜沙漠中的 Abydos 古庙（Abydos temple）遗址内的浮雕壁画中，看见了与今天的飞机形状极其相似的浮雕，以及一系列类似的飞行物体。其中有一幅图案状似现在的直升机，还有的图案状似潜艇或飞船。

　　1947年，美国空军的3位老兵报告称有6个圆盘飞越了加利福尼亚州的卡特兰岛。航空摄影家鲍勃也声称他成功拍摄了其中一个物体。照片的底片可以清晰看到蒸汽机的桅杆

Abydos古庙遗址里的浮雕

在世界历史中，不少远古民族在发展语言和文字之初，均以壁画记载历史。出现在庙宇中的浮雕，也应该是古埃及人用来记载某一件事或表达某一种意思的。但是，3000年前的人，可以预言到今日的文明产物吗？

在3000年前，即使是外星文明曾经降临过古埃及，当时的人亦未必有直升机和潜艇这些概念。并且，如果壁画内的"UFO"是外星人的，又为何会与现代文明的飞机如此相像？

1898年，有人在埃及一座4000多年前的古墓里发现了一个与现代飞机极为相似的模型。这个模型是用当时古埃及盛产的小无花果树木制成的，有31.5克重。因当时人们还没有"飞机"这个概念，便把它叫做"木鸟模型"。这个模型现在放在开罗古物博物馆，编号为"物种登记"第6347号，放在第22室。

1969年，考古学家卡里尔·米沙博士获得特许进入这个博物馆的古代遗物仓库，发现了许多飞鸟一样的模型。这些飞鸟模型有个共同特点，即都有鸟足，形状半人半鸟的，而这个模型除了头有些像鸟外，其他部分都跟现在的单翼飞机差不多：有一对平展的翅膀，一个平卧的机体，尾部还有垂直的尾翼。

为了弄清这架飞机模型的本来面目，米沙博士便建议埃及文化部组成特别委员会进行专门调查研究。1971年12月，由考古学家、航空史学家、空气动力学家和飞行员组成的委员会开始了对这架飞机模型的确认研究。经鉴定，许多专家认为，它具有现代飞机的基本特点和性能：机身长14.2厘米，两翼是直的，跨度18.3厘米，嘴尖长3.3厘米，机尾像鱼翅一样垂直，尾翼上有像现代飞机尾部平衡器的装置。尾翼除外形符合空气动力要求外，还带有上反角的特点，使机身有巨大的上升力。机内各部件的比例也很精确。只要稍加推动，还能飞行相当一段距离。

图为古代美洲印加文明的雕塑品

专家们断定，这绝不是古埃及工匠给国王制造的玩具，而是经过反复计算和实验的最后成品。后来在埃及其他一些地方，又陆续找到了14架这类飞机模型。

在南美洲的一些地方，也发现了一些与古埃及飞机模型极为相似的飞机模型。

埃及与南美洲之间的飞机模型之间有什么内在联系吗？是埃及人驾机曾经飞到过南美洲吗？古代人是凭借什么手段制造了飞机的呢？

如果这些谜都解不开，那么，我们就只好把这些事归结为外星人的杰作了。

3. 神秘的杜立巴石碟

1938 年，一支由北京大学考古学教授齐福泰领导的考古队来到青藏高原东北端与世隔绝的巴颜喀拉山脉。在这里，他们考察了一系列相互连通的山洞，发现了令人惊异的远古文化。

他们发现，这些洞穴被人凿成了隧道与地下储藏室的系统，墙壁是方方正正且光滑的。

在洞穴里，他们发现了很多史前壁画。画上有太阳系及其他星系的连线，还有头戴圆形头盔的人像。

在壁画之旁，他们又发现了许多奇怪的墓穴，这些墓穴没有任何碑文，里面埋葬着类似侏儒人的遗骸。从遗骸推断，死者身高约138 厘米左右。从这些尸骨可看出他们的身体非常纤细瘦小，但头部却非常大，这与现今传闻的外星人体形十分相似。

其中一名考古队员认为这些骷髅可能是某种未知的山地大猩猩。齐福泰教授则回应说："有任何听说过的猿类生物会掩埋彼此吗？"

在墓中，考古队发现了 716 块石碟。经过测量，这些石碟直径约 23 厘米，宽约 30 厘米，厚约 20 厘米，每块石碟重约 1 千克。每个碟片上都刻有两个细小的螺旋形的凹槽，凹槽从碟片边缘旋绕至碟片中心的洞一带，就像是费斯托圆盘一般。凹槽上面布满类似象形文字的符号。

这些碟片和其他的发现都被一一地标记，并且被储藏在北京大学长达 20 年之久。在那段时期，所有解译的尝试都没有成功。

　　1960 年，北京大学楚闻明教授对石碟进行了详细的检验。他发现，那些石碟上含有钴等金属，用超音波或电波给它一定频率的激发后，就会有节奏地振动起来。他断定每个沟槽都包含着一系列未知的象形文字，这些象形文字小到需要放大镜才看得清楚。而其中的许多文字都已经被风化了。

图为杜立巴石碟(1)

　　经过多年的研究，他成功地翻译出石碟上的碑文。当楚闻明尝试解译这些符号时，他发现这上面说的是杜立巴族太空船的一次坠毁性着陆，而多数的生还者都被当地人给杀了。

　　其中有一段文字读起来如下：

　　"杜立巴人来自云上，坐在飞行器里。我们的男人、女人和小孩在太阳升起前躲到了洞穴里十次，当他们了解了杜立巴人的语言时，才知道这些新来者的来意是和平的。"

　　当他完成这个研究时，却面临着一个难题：校方禁止他发表这项报告，因为他的结论过于惊人。

　　经过一番努力争取后，楚闻明最后获得许可发表他的报告。

他称呼事件中的外星人为杜立巴（Dropa）族。大约在 12000 年前，他们民族的一部分在长途的太空航行之后，漂流到第三行星（指地球），太空船不幸坠毁在巴颜喀拉山。大多数的族人在坠毁时死亡，少数生还者无法修复太空船，只好困居山中。他们想与当地的原始人类友好相处，可是这里的居民却驱逐和追杀他们。因此，他们只好躲藏在这个小洞里。

图为杜立巴石碟(2)

他的这个惊人报告，立刻引起其他学者的嘲讽，他们认为这个故事完全是虚构且毫无意义的。报告发表后不久，因受许多学者的冷嘲热讽，楚闻明教授只好移居日本，在完成第一部有关石碟秘密的手稿后，不幸过世。

可是，在西藏古代的一些传说里，有一个描述从"云彩"中来的丑陋入侵者的神话故事。故事里所描述的令人害怕而且丑陋的入侵者，外形与"杜立巴族"人十分相似。

当时，前苏联的科学家也希望能看这些碟片，因此有几片被送去了莫斯科以进行检验。

从 1966 年到 1976 年，经过"文化大革命"的浩劫，许多历史古物被摧毁，石碟也因而不知去向。有人说北京大学仍保存有该文物，也有人说它已流落在台湾。

1974 年，奥地利的工程师 Ernest Wegerer 无意中在西安的半坡博物馆收藏中，发现了两个石碟，并配有 1962 年楚闻明的报告叙述。"杜立巴石碟事件"再度受到世人的重视。

但是，这两块石碟没有凹槽，因此无法断定它们就是杜立巴石碟，而外观与此相似的出土文物大多是玉璧或是普通的石雕。所以，直到今天，"杜立巴人事件"的证据也只是几张照片而已。

1996 年，美国宇航局的航天飞机在太空拍摄到一些令人震惊的画面，他们发现其中有形似杜立巴石碟的神秘物体在太空漂浮。

杜立巴石碟与美国宇航局的 UFO 有惊人的相似：石碟中央有一个圆孔，边缘有呈直角的切口，而且表面有螺旋形分布的纹样。这些都与在美国宇航局的录影带中所看到的完全相同。

这些神秘物体以不同的速度运动，这表明是由内在动力驱动的。UFO 研究者戴维·塞雷德认为那是外星人的飞船，并将它们称为"美国宇航局的 UFO"。

虽然杜立巴石碟事件在人证和物证方面都有所不足，但是，仍有许多人对此坚信不疑。《中国的罗兹威尔》一书的作者豪斯多夫认为，716 块石碟中的大部分仍在石洞之中，也许有一天某人偶然探访那里并发现那些石洞，这将是轰动世界的事情。

第三章　踏雪有痕

来无影，去无踪。这似乎是人们对不明飞行物的普遍印象。然而，在实际中，它真能做到踏雪无痕，任意飞行而不留下一丝痕迹吗？

在许多据说是发现不明飞行物的地方，人们发现了各种奇怪的现象：泥土被烤焦，冰块变成绿色，行驶中的车辆突然熄火……还有，有人竟然毫无征兆地出现了晕厥。这一切的背后，究竟藏有怎样的玄机？

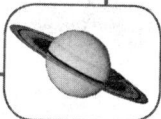

1. 泥石上的发现

在 UFO 曾经降落过的地面，经常会有一些明显的痕迹被人们发现。这些痕迹大多数能保留很长时间（有的达数年之久）。在此期间，该处的土壤寸草不生。

一般来说，这些痕迹是由于地面受到某些压力或有规则的烤灼而留下的，它们往往呈现圆形、环形、三角形或半月形。下面的这些事例，将为大家提供最切实的证明。

1954 年 8 月 3 日 18 时，一个透镜形的不明飞行物降落在马达加斯加的安塔那那利佛机场旁边。它在跑道一端满是石子的地面停留了约两分钟之久。当法国航空公司的一名技术处主任和另外三名驾驶员、三名工程师发现它后，立即发出警报，于是机场的全体工作人员以及候机的旅客都看到了这艘奇怪的飞船垂直起飞的情景。而在飞船停降过的地方，直径达 10 米的一个圆圈内的石子全部被压成了粉末。

1954 年 9 月 10 日，一个不明飞行物降落在法国卡罗布尔镇附近铁路的路基上。人们事后发现，那里的石块全部被煅烧过并被压碎。据估计，该不明飞行物的重量在 30 吨左右。

1965 年 1 月 12 日晚上 8 时 20 分，美国华盛顿州库斯特镇郊区的一个女农场主突然发现，一道强光从天空中快速地向她飞来。刚开始，她以为那是一架即将坠落到她家房顶的飞机，于是

惊慌失措地领着她的三个女儿跑到院子里。到了院子里，她才惊恐地发现，那物体并不是飞机，而像是一面白亮闪光的圆形透镜。它直径约 9 米，顶部微成拱形，飞行时全无声响，并且在空中做出各种复杂的动作，最后降落在农场院子后面的松树林边。大约四五分钟后，那个不明飞行物突然垂直升起，并迅速地消失于东北方的天空。

当时，一名警官正在边境地区巡逻。他接到总部的无线电通知，刚巧在飞船降落时赶到了现场。他把汽车停在数百米外，跟那几个亲眼目睹不明飞行物降落的人一样感到惊恐。尽管该警官并不认识那些女目击者，但他的报告同她们的完全吻合。在飞船降落过的地方，地上有一个圆形的印子，其直径约三四米。印痕下面的土地完全被烤焦。从这个圆圈出发，等距离排列着一行长约 20 厘米的椭圆形印迹，到松树林前面便突然消失了。这些痕迹在事发后两个月内都能清楚地看到。美国研究员、西雅图《飞碟通报》杂志出版人贝尼尔还曾亲赴现场对它进行过考察。

1965 年 9 月 3 日 23 时，两名正在美国得克萨斯州德蒙市附近公路上巡逻的警官惊讶地发现，一团夺目的亮光降落在他们面前的平原上。当他们小心翼翼地走过去后，发现停在面前的是一个常规意义上的大飞碟，从飞碟里面发出强大的噪音。突然，飞碟的发动机、大灯和无线电停止了工作，大约 15 分钟后才重新启动，启动后这艘陌生的飞船就立即起飞了。两名警官走近飞碟曾降落的地点，发现地面上的泥土竟然被烤焦了，上面明显留有

被巨大的重物压迫过的痕迹。

1967 年 5 月 5 日，法国科多尔省马连斯市市长在距离他的管区不远的地方发现了一个颇有意思的 UFO 降落时留下的痕迹。那是一个直径达 5 米、深约 30 厘米的圆圈，在圆圈的外围有一系列深约 10 厘米的"沟"呈放射状延伸出去，沟端有一些深约 35 厘米的圆洞。在这些沟和坑的底部，沉积了一层淡紫色的粉末，辨不出是什么东西。

1968 年 6 月，阿根廷米拉马尔市附近的一名目击者看到一艘飞船仿佛被一束光支撑着，停在离地面约 50 厘米的空中。可是当目击者企图走近它时，飞船却迅速地飞走了。警察对目击者指点的地方进行调查，结果发现那里的土壤被一种异常强大的热源烤焦。

1968 年 7 月 1 日，许多目击者（其中包括医生、工程师和警察）看到一个不明飞行物在巴西圣保罗州博图卡图医院附近降落的情景。几分钟后，飞船无声无息地飞走了，地上留下了一个成等边三角形（边长 7 米）的深深辙印。

1969 年 5 月 11 日，在加拿大魁北克省，有一个不明飞行物降落在离 M·查普特的农场仅 200 米的地方。凌晨 2 时，查普特先生被犬吠声惊醒，他开门出去查看，正好看见该物体起飞。这一情景还分别被另外 4 个人看到。调查时，研究人员发现一个圆形印迹，周围还有 3 个深度不同的小印子，结果用直线连接起来，正好构成一个等边三角形。一些直线形的浅沟（像是圆形重

— 65 —

物在地面拖动而形成的）从两个大圆圈延伸出去，终止在一条灌溉渠的堤坝上。当地警方调查了现场，拍了照片并进行了分析，但毫无结果。

1970 年 8 月 29 日夜里，许多目击者发现一个发出强烈红光的圆形物体在瑞典安滕湖附近飞翔。在完成了一系列复杂的空中动作后，该物体向埃尼巴肯镇方向降落了。第二天早晨，该镇的居民约翰森老人发现他家菜园里有 3 个圆形印迹，里面的土壤被压过。构成等边三角形顶点的这些圆印直径为 40 厘米、深 4 厘米。调查人员从该地区中处以及不明飞行物降落的三角地取了土壤标本，送交瑞典查默斯核化学研究所进行比较分析。瑞典专家们通过 γ 射线分析仪分析，发现降落点的土壤标本中放射性比普通土壤标本高 3 倍，达到 660 千电子伏特。这样的辐射只能来自钡 137 的同位素，而且只有当钡 137 放射性同位素放了 β 射线时才能出现。但是，钡同位素只有在受激核反应中才能形成！约翰森老人怎么可能在他的菜园里实现核裂变呢？这件事让调查人员百思不得其解。

2. 绿色冰块

人们多次发现，一些不明飞行物常常进入海洋、江河和湖泊去加水或排放废弃物。在 65% 的这类事例中，水源都受到了放射性影响或被化学物质所污染。

1961 年夏天，一个巨大的不明物体从空中以惊人的速度俯冲下来，砸穿了位于前苏联的拉多加湖面 1 米多厚的冰层。冰层被砸开了一个直径 100 米的圆形口子，该物体钻入湖水，在里面停留了将近 1 个小时，然后钻出水面，向北方高速飞去。冰层受到撞击的地方都变成了绿色，并带有放射性。后来，调查人员还在圆形窟窿的边缘发现了钛粒子。而在当时，地球上没有任何一种飞行器能够经受得住同如此厚的冰层撞击。

1968 年 4 月初，在瑞典乌普拉门湖面约 1 米厚的冰层上，发现了一个面积为 500 平方米的三角形大洞。在此之前，一个巨大的不明物体从空中"坠落"下来，把砸碎的冰块抛出老远。几天之后，人们在冰面上又发现了两个大窟窿，其中一个的形状和面积与前次的完全一样。瑞典空军的专家们发现，窟窿附近的冰带有放射性。而部队潜水员则发现湖底的淤泥上结了一层特性不明的硬壳，其中所含物质，与 1950 年一次飞碟降落后将加拿大索毕尔湖水染成红色的那种物质极为类似。

1970 年 9 月 14 日，一个不明物体降落在新西兰蒂奎蒂附近

布莱克莫尔的农场边一个小湖里。第二天早晨，农场主发现湖水水位上涨了许多，而岸上的痕迹表明，夜里湖水不可思议地溢出了堤坝。湖水变成了暗红色，并带有刺鼻的气味。也许为了避免使人们受到伤害，陌生的飞船把有毒（放射性或化学）的物质装入密封的集装箱内沉入了水底。

1971年1月3日早晨，许多目击者看见一个闪光的圆球从离结冰的萨彭基湖面（位于芬兰库萨莫地区）约8米的空中掠过，放射出的亮光在周围1500米的范围内都能看清。几分钟后，那个物体降落在离毛诺·塔拉家17米处，停留了1分钟后，又突然起飞，跟出现时一样无声无息地消失在北方天空。

过了几个小时，目击者们发现，飞船停降过的地方（湖边），冰层变成了绿色。几天后，专家们从那些冰及其下面的土壤取了样，送交一家瑞典实验室和两家芬兰实验室（奥卢大学和氮化物公司）分析。研究结果表明，冰并未受放射性侵害，但其中包含着大量的钛元素。

从上述事例中人们发现，UFO在地球上留下的大多数痕迹都带有放射性；而且，钛是制造这些不明飞行物的主要材料。这些都是有关UFO的推进位置和构造的宝贵信息。

3. 植物缘何变焦?

如何才能让植物变焦?

看到这个问题,许多人恐怕会哑然失笑,因为要回答这个问题实在是太简单了:用火烧一下或者烤一下,植物不就焦了吗?就像街头制作烧烤食物的师傅那样做。事实也确实如此。

然而,如果植物没有被火或者是明显具有很高温度的物体接触过却变焦了,大家觉得这可能吗?

1966 年 10 月 7 日 18 时 30 分,14 名目击者发现一个明亮的不明飞行物降落在美国密执安半岛的印第安湖畔,它在地上停留了将近 1 个小时,而当那个不明飞行物重新起飞后,地面上留下了一个圆形的辙印,里面的草木完全被烤焦。

1967 年 6 月 18 日 23 时,两名加拿大安大略省的居民在拜访完朋友后驾着小船回家。突然,他们发现离法尔扎湖岸 800～900 米远处,一个发光的物体停留在离树梢 15～20 米的空中。当他们把小船朝那个方向划去时,该物体突然急速地向小船冲下来,惊慌失措的两人急忙后撤。当这个发光的物体第二次向他们俯冲下来时,万般无奈的他们只好将小船靠岸,并叫来了住在附近一座山间别墅里的 4 个人。6 个人一同注视着那个不明飞行物在离他们 300～400 米的空中停留了大约 10～15 分钟,然后消失在西北边的天空。

这次事件持续了约 30 分钟。在此期间，该物体一直没有发出任何声响，唯一能证明它存在的，是它下面的那些树枝被笼罩在一片耀眼的白光中，并且被一股强大的气流吹得猛烈摇晃。下面是国防部某调查员对该事件的一份正式报告的片断：

"据目击者描述，该物体为椭圆形，上端稍微突出，乳白色，闪光。高约 8 ~ 10 米，厚约 3 ~ 5 米。在远方消失时，呈橘黄色。一名目击者称，当时他正在用 630 千赫的频率收听 CKRC 电台的广播节目，突然频道上出现极强的干扰，节目再也听不见了。"

这份报告最后写道："几根被烤得焦枯的树枝标本被送到温尼伯进行分析。森要与乡村发展部通报说，无法解释收集村本地区的三个树种——白桦、榛树和樱桃树同时枯萎的原因。许多树都受到伤害，但并无一定顺序，而且主要是树梢。林业专家认为，造成枯干的原因可能是强大热量。"

这一件事后来被官方纳入了"无法弄清"的那一类，当时目睹事件的 6 个人都出具了报告。

1968 年 7 月 31 日，法属留尼汪岛（位于印度洋）上的种植园主卢西·丰泰因在一片林中空地上看见了一个椭圆形的不明飞行物。该物体边缘呈深蓝色，离目击者仅 25 米，停留在距离地面 4 ~ 5 米的空中。据丰泰因估计，它高约 2.5 米，直径 4 ~ 5 米。丰泰因还说，他看见飞船的中部有一个蓝色的屏幕，几分钟后，从屏幕后面射出一道耀眼的白光，并伴之以巨大的热气流，这个陌生的物体随即就飞走了。

　　1942 年 2 月 25 日，无数的探照灯一齐照向那个不明物体。那周身环绕着耀眼光芒的是爆炸开的防空导弹

10 天之后，该岛公民保护署主任列格罗斯上尉带着吉洛特机场最完善的检测仪器赶到现场。他发现，在飞碟降落点方圆 5 米的范围内，土壤和植被的放射性含量达 600 亿单位，比正常量高 30 倍，就连目击者的衣服也带有放射性成分。列格罗斯上尉显然感到震惊，他下结论道："这件事有人亲眼目睹，毋庸置疑！"

1968 年 11 月 6 日，将近 100 人看见一个明亮的不明飞行物降落在巴西皮拉松加地区。巴西空军当局对此事进行了秘密调查，并拍摄了地面留下的痕迹：一个直径为 6 米的圆圈，里面的植物全部枯槁，圈内还有三个均匀分布的小坑（显然是支撑系统的底柱留下的）。调查结果没有发表。

下面这个事例比较出名。它发生在美国依阿华州巴尔的农场，并被美国研究员特德菲利普调查过，海尼克博士在《飞碟试验》一书中也对它进行过专门的分析。

1969 年 7 月 12 日 23 时，两名少女（巴尔的女儿和她表妹）惊恐地发现，一个明亮的不明飞行物掠过农场上空向远方飞去。该物体的形状像一只倒扣过来的浅底碗，呈深灰色，沿着自身的轴心不停地转动，在其高度 2/3 的地方有一个橘黄色光环。两个少女足足看了两分钟，在此期间，她们听到该物体发出了隆隆的声音。后来，这个不明飞行物消失在西北天空，只留下一道橘黄色光痕。

这两个女孩子回去后立即向巴尔农场主叙述了此事，但他并不相信，直到第二天早上看见飞碟在他的大豆地里留下的痕迹

时，才相信两个女孩子说的都是真话。

在地里一个直径约 12 米的圆圈内，作物完全被毁了。几星期后，海尼克博士察看了现场，他写道："在那个圆圈内，树木的枝叶从主干开始枯干，像是被巨大的热量烤过。但树干并未折断，也未弯曲，地面上也没有留下任何痕迹。这一切表明，热量或其他带杀伤力的因素像是从近距离的空中施加的，并未与地面直接接触。"

1969 年底，在新西兰发现了三次留下痕迹的飞碟降落事件。9 月，在北岛的恩加蒂亚，有人发现在一个圆圈内，野草和荆棘的枝叶全部褪色，并受到放射性污染。奥克兰大学的研究工作者宣称，他们"没有找到任何化学反应的证据，但确实存在放射性杀伤的痕迹"。专家 J·穄门吉斯在《宇宙现象》1970 年 23 期上写道："某种辐射从里向外烧毁了植物的组织。地球上还没有发现能够造成类似现象的能源，一颗陨石或一次闪电都做不到这点。看来，是一个来自外星的物体在这里降落和起飞时放出辐射，伤害了植物。"11 月，北岛巴夏图瓦的农场主亨利·安杰里尼发现他的农场地里有一个直径约 12 米的圆圈，圈内的草全部枯槁。后来，D·哈里斯博士在南岛的布林海姆也发现了一个类似的印迹。所有这些"死亡区"都是圆形的，圆圈内有三个较小的坑，分布在一个等边三角形的顶点。受放射伤害的土壤一直寸草不生，无论家畜还是野兽都远远地绕开它……

在 90% 的此类事件中，这些被烧焦的植物都并非因自身燃烧

所致，而是受到异常强烈的热辐射的结果。其中，35％的事例还伴随着放射性后果。一般来说，植物被如此毁坏过的地区很难再恢复，在大约25％的例子中，该处的土壤从此寸草不生。

4. 奇异的电磁现象

在许多情况下，在靠近疑为外星飞船的不明飞行物的地方，汽车发动机停转，灯光熄灭，广播、电视节目中断或被严重干扰，甚至出现整个城市的高压输电线路乃至发电站都受到影响的情况。有时，靠近不明飞行物的金属物品还会被严重磁化。而所有这些电磁现象，目前都还无法做出解释。

1957 年 11 月 2 日 23 时左右，美国得克萨斯州莱维兰德市的卡车司机索塞多和他的助手萨拉兹驾着一辆卡车沿着 116 号公路行驶。当车行到离莱维兰德市约 7 千米时，他们惊恐地发现，天上有一个火焰状的不明物体正在向他们飞来。当那个不明物体飞近时，他们的汽车马达突然熄火，车灯也灭了。于是他们下车，想仔细地观察那个物体，可是由于它速度极快，又放出巨大热量，因此两人不得不扑倒在地。

据两人事后回忆，那个不明飞行物呈淡黄色，看上去很像一枚长约 70 米的鱼雷，以每小时约 2200 千米的速度飞行。当它飞过之后，卡车马达重新启动，车灯也复明了。于是，两人从地上爬起来，并决定立即将此事报告给警察局。

然而，当晚的值班警察 A·弗勒并没有把他们的报告放在心上，他认为那只是两个醉鬼的胡言乱语。

1952 年 7 月，一位业余摄影爱好者在美国新泽西州的帕索里
亚拍摄的图片

24 时，维沙拉尔地区一位颇有名望的公民打来电话报告说：当他驱车行驶到莱维兰德市以东约 7 千米（这正是索塞多发现的飞船消失的方向）时，遇见一个椭圆形的闪光物体，它长约 70 米，停在公路上，周围被照得一片通明。当目击者的汽车开近时，马达停转，车灯熄灭。过了几分钟，不明飞行物突然起飞，亮光消失，目击者汽车的马达又毫不费力地启动了。

24 时 10 分，另一名目击者遇见那个不明物体降落在莱维兰德市以北约 20 千米的地方，并用电话向警察局报告了与前两个报告相同的内容。

24 时 15 分，弗勒又接到一名目击者的电话报告：一个不明飞行物降落在市北约 17 千米处。他的汽车遭遇与上述报告完全相同。

接二连三地接到奇怪的电话报告，弗勒再不能等闲视之了。于是，他决定将此事上报警察局局长。

10 分钟后，几辆警车被派去调查现场。第二天，一份调查报告出来了。报告中除了有关情况，还提到 24 时 45 分，另一名目击者发现不明物体降落在离他的卡车三四百米处（莱维兰德以西），而此时，卡车突然莫名其妙地停了。目击者还讲述了一个很有意思的细节：那个不明飞行物降落后，颜色便从橘红变成淡蓝，起飞后又变成原来的颜色。

次日凌晨 1 时 15 分，警察弗勒再次接到电话报告，有人在俄克拉何马——弗拉特公路上（莱维兰德市东北约 4 千米处），

看见了一个长约 70 米的不明物体。这时，几辆警车正在城郊公路上搜寻，弗勒同他们保持无线电通讯联系，及时通知他们去了出事地点。

凌晨 1 时 30 分，警察局局长克莱姆和他的副手麦克考洛乘坐汽车到达俄克拉何马——弗拉特公路离莱维兰德 7~9 千米的地方。两名警官发现，一大团椭圆形的红色亮光正停在他们前面的公路上。两秒钟后，那物体升到空中并向西飞去。随后，它又被到达附近的两名警察哈格罗夫和加文发现。在 116 号公路上巡逻的警察贝伦和附近的消防队上尉R·詹尼斯也看见了它。

事后，蓝皮书计划执行小组和美国全国大气象调查委员会在调查过程中又获得了两份类似报告。

第一份报告说，两名康拜因手的联合收割机当天 24 时 12 分正处在莱维兰德西北约 28 千米的地方，一个发光的物体从空中飞过时，两台收割机的四部发动机同时熄火。

第二份报告说，24 时 05 分，一名得克萨斯理工学院的大学生开着车子到达莱维兰德市以东约 11 千米之处时，发动机和车灯同时出现了故障。该学生惊恐地发现，一个长约 70 米的椭圆形平底物体停在前面的公路上。那物体像是铝制的，闪着蓝荧荧的光，通身光洁，看不到任何细部构造。几分钟后，该物体突然腾空，消失在黑夜之中。这时，目击者的汽车发动机和车灯重新恢复工作。在父母的坚持下，该学生第二天把事情的全部经过报告了莱维兰德市的警察局局长。

1979 年 2 月，吉吉·布罗贝克在美国加利福尼亚州圣莫尼卡拍到这张照片

在那个值得回忆的夜晚，警察局前后共收到 15 份看到不明飞行物的电话报告。第二天，目击者们出具了 20 多份正式签名的证词。

不明物体被 15 到 20 个人看到，并且造成了 10 辆不同型号种类的车辆临时出现故障，因此，它不可能是集体错觉。目击者互不认识，而且调查结果也证明他们所讲确是实情。

为了寻求一种多少能令人接受的解释，蓝皮书计划执行小组组长（当时是格利高里上尉）从一场雷雨暴风掠过莱维兰德的假想出发，"发明了"一个巨大的球形闪电。然而，无论如何，球形闪电不可能有 70 米长，也不可能 6 次在公路上降落，更不可能改变自己的颜色，尤其是不可能造成汽车发动机的故障。因此，他的假想是站不住脚的。

尽管新闻界和公众对国防部施加了强大的压力，但格利高里上尉却拒绝对事件进行进一步地深入调查，借口是：他缺乏有说服力的数据！

1970 年 8 月 13 日 22 时 50 分，在丹麦哈德斯莱夫市附近，正在城市外围巡逻的警官埃瓦德·马鲁普突然发现，自己的汽车马达停止，车灯熄灭。紧接着，车子被来自上方的一道强光罩住了，与此同时，他感到车内酷热难熬。

马鲁普探头观看，只见一个直径 15 米的圆盘形物体停在空中，一束锥形的白光从它的里面射出来。马鲁普想同总部联系，但无线电对讲机已经不能工作。

后来，光束渐渐地缩回到了物体里面，使警官惊讶不已的是，它的形体始终保持固定，仿佛是用空气剪裁成的。然后，这个不明飞行物迅捷而又一声不响地升高，消失到星空中去了。此间，马鲁普成功地拍摄了 6 张相当清晰的不明物体的照片（这些照片经过丹麦和法国专家鉴别真伪后，被发表在报上）。该物体消失 20 秒钟后，马鲁普警官的汽车发动机、车灯和无线电通信装置又重新恢复了正常。

在此次事件中，最惊人的、至今仍然无法解释的现象是：这个不明飞行物竟然能分段逐渐收回光束。这种现象在法国（1967年 5 月 6 日）、加拿大（1968 年 8 月 2 日和 1970 年 1 月 1 日）、芬兰（1970 年 1 月 7 日）和中国（1983 年 2 月 21 日上海）都曾有发现。

5. 莫名其妙的"头晕"

在一些 UFO 事例中，地球上的人们和动物在不慎靠近不明飞行物后，有的会感到身体不舒服，而导致这种后果的原因，则是由于受到了超过正常标准的辐射，从而造成机体暂时的紊乱。

1968 年 8 月，阿根廷门多萨医院的残疾人阿德拉·卡斯拉维莉从窗口看见一艘圆盘形的物体降落在医院的旁边。几秒钟后，该物体重新起飞，并放出一种辐射状的"火花"。阿德拉·卡斯拉维莉脸部被灼伤，昏迷了大约 20 秒钟。等她醒过来时，该不明飞行物已经迅速地飞走了。

阿根廷空军情报处和原子能委员会秘密地调查了此事，发现飞船停留过的地方有一个直径 50 厘米的圆形印迹，土壤呈灰色，放射性程度很高。专家们确认，残疾人被灼伤是强烈而短暂的辐射所致。无论是外伤，还是附带的恶心、剧烈头疼等，都一个月后才消失。法新社断言："经过那里的不明飞行物留下了无可争辩的痕迹。"

1970 年，在芬兰南部吉米亚维村附近的森林，两名目击者埃斯科·维利亚和守林人阿尔诺·赫诺宁滑雪穿过树林。突然，他们听到一种奇怪的"嗡嗡"声，抬头一看，发现一个闪闪发光的物体绕着大圈向他们头顶上飞来。到了离他们数十米的空中，该物体突然停住。目击者发现它被一层明亮的红雾环绕着。过了一

会儿，该不明飞行物在一片林中空地降落下来，停留在离他们头顶三四米的地方。两名目击者惊恐万分，一动也不敢动。

接着，红雾消散了，"嗡嗡"声也停止了。赫诺宁和维利亚这才看清那物体的样子，它呈圆形，金属结构，直径约 3 米，平坦的底部有三个半圆形，构成一个直角三角形（大概是可伸缩的支架）。物体的中部有一根直径约 25 厘米的管子，几分钟过后，从管内喷射出一束强光，在雪地上投下了一个黑圈，圈内的积雪被光束照得耀人眼目。

经过一系列晃动的怪光之后，一束光投到了赫诺宁身上。接着，飞船又被一层红雾包围住了。目击者惊愕地看见那光束被渐渐地收回管子内，而且始终保持同一形状，仿佛是用空气剪裁成的。接着，那物体升到高空，以令人难以想象的速度消失到西北方去了。

两个芬兰人不幸呆在了离飞船非常近的地方，结果，赫诺宁腹部剧痛，小便变成黑色，身体极度虚弱，持续了将近 1 年之久。维利亚则浑身皮肤发红，很快得了头晕病，身体不能保持平衡。医生们诊断不出这两个目击者患病的原因，但却一致认为，他们受过强烈的辐射。

第四章　档案里的秘密

　　曾经，在某地发生了 UFO 的坠落事件；曾经，有人亲眼见证过不明的物体。然而，由于种种原因，各发生国的政府总是对此讳莫如深，三缄其口。

　　好奇的人们纷纷想一探究竟，而事情的真相则随着证据的封存变得扑朔迷离。究竟，人们能否最终争得那些档案的解密，从而还原事件的本来面目呢？

1. 凯克斯堡："钟"从天降

1965年12月9日15时，加拿大以及美国密歇根、俄亥俄和宾夕法尼亚州的众多目击者看到，"一团巨大的火球"从天际划过，随后在宾州小镇凯克斯堡外的树林中降落，并腾起了一团蓝烟。

当好奇的当地人试图赶去察看时，全副武装的陆军和空军士兵很快赶到，封锁了现场，严禁任何人靠近。

图为当年报道"凯克斯堡事件"的报纸

当晚，宾州当地多家媒体派记者到现场调查事件的真相，但无一例外地遭到了军方的阻止，数百名记者和看热闹的当地人不得不在警戒线外守候，希望能看到军方究竟找到了什么。

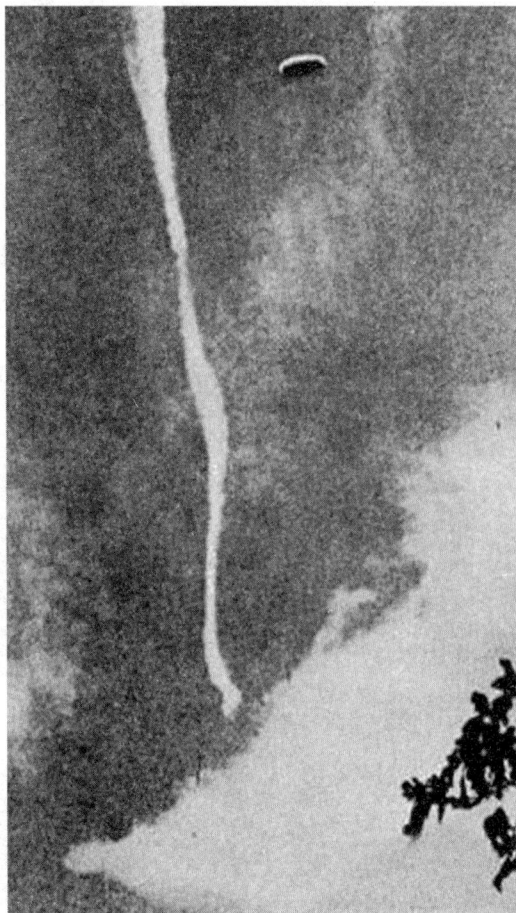

　　这是一张无法确定作者的照片。照片是 1969 年在阿根廷圣何塞拍摄的

随着夜色渐深，不少看热闹的人都离开了。几个好奇心特别强的当地人试图抄近道进入树林里，但还是被士兵赶了回来。

午夜时分，有人看到了奇怪的一幕——一辆军队的大平板车载着用柏油雨布盖着的神秘物体飞快地驶离了现场。

第二天，宾州早报《宾州论坛评论》以"不明飞行物坠落凯克斯堡，军队封锁整个地区"作为头版头条，但同城的晚报头条却变成了"搜索行动没有发现任何物体"。

美国官方也众口一词地说，在 12 月 9 日晚的凯克斯堡神秘飞行物坠毁事件的现场没有发现任何东西。

事实果真如此吗？

据事件的目击者、美国著名的爵士音乐家杰里·贝特兹回忆，事发当时，他就在当地，所以也和大家一起赶去看热闹，他们刚抵近现场，士兵就拿枪瞄准他和他的朋友们。当他们不得不离开时，恰好看到那辆军队的平板车载着一个外形如钟状的神秘物体飞速离开。

美国宾州一位知名商人后来也说，当时还年幼的他和一群小朋友本来打算偷偷溜进现场看神秘的坠落物，但同样被士兵阻止了。军队的态度如此之严厉，以至于他和小伙伴们都觉得士兵们真想杀了他们。

如果这真是彗星坠落，或者正常的天文现象，那么全副武装的士兵何必如此紧张？

究竟是谁下令武装士兵包围了事件现场？

1990 年，空军的一名宪兵在接受美国《不解神秘事件》栏目采访时透露，他便是当年守护过凯克斯堡神秘怪物的警卫之一。据他讲，那是 1965 年 12 月 10 日凌晨，凯克斯堡神秘物体运抵哥伦布市的洛克伯尼空军基地。那个神秘的物体在基地内的一幢房间内打包密封后被转移到了附近的怀特—彼得逊空军基地，从此不知所终。

图为目击者看到的凯克斯堡的UFO样式

在接受采访后不久，这名一向身体健壮的宪兵因"心脏病突发"意外死在了驾车的途中。

凯克斯堡当地 WHJB 电台的记者兼新闻编辑约翰·莫菲是第一个抵达现场目睹了神秘物体的唯一目击者。据他的前妻伯尼·米斯兰格回忆，他抵达 UFO 降落现场后，拍了许多卷照片，多数胶卷被随后赶来的宪兵没收，但其中一卷因为隐藏得当而幸免被搜到。

　　这是 14 岁的艾伦·史密斯在他位于俄克拉何马州塔尔萨城的家中后院拍摄到的，时间大约是 1965 年 8 月 2 日的凌晨 1 点 45 分。另外 5 个目击者也目睹了这艘 UFO 从白色向红色、青绿色变化的过程

第四章　档案里的秘密

WHJB 台长马贝尔·马扎也证实，他清楚地看到其中一张照片上有一个钟状的怪物。

在接下来的几个星期里，莫菲一直致力于揭秘这一事件，并且着手录制一盘名为《树林里的怪物》的纪实报道，里面包含他的亲历和对目击者的采访。

就在纪实报道即将播出前两天，两名身穿黑色西服、自称是政府官员的男子找到了莫菲。他们要求与莫菲到电台密室"谈点事"。

这次会面持续了 30 分钟。据 WHJB 的前员工琳达回忆说，那两人没收了莫菲的录音带，也没有人知道莫菲当时拍的照片都到哪里去了。

在这两名男子拜访莫菲一周后，删节版的采访节目终于播出，但里面根本没有提到任何 UFO。更奇怪的是，莫菲从此性格大变，完全中止了对 UFO 的调查，并拒绝与任何人再谈此事。

1969 年，莫菲被一辆没有任何牌照的小轿车撞死。警方断定，这是一起"交通逃逸事件"。但这起案件至今仍没有破获。

从那之后的 40 多年间，凯克斯堡事件一直被各方提及，但美国官方一直拒绝就此事件做出进一步的解释。

2003 年，在美国科技界颇有影响力的科幻频道重新就此事件展开大规模的调查。该频道派出的三个科学家小组对凯克斯堡 UFO 坠落或者降落地点进行了全方位的勘测，结果发现，那里的土地没有被撞的大坑或者其他撞过的痕迹，这说明当时的 UFO

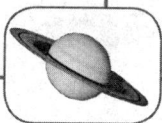

是控制降落而非坠毁。这与众多目击者看到的 UFO "缓缓划过天际"不谋而合。

2005 年 12 月，在凯克斯堡 40 周年纪念日前，美国宇航局意外发表声明称，他们当年确实在凯克斯堡发现过一些金属残骸，但那是重新进入大气层的"前苏联卫星残片"。至于美国宇航局直到 40 年后才开口承认凯克斯堡确实有空中坠毁物，美国宇航局发言人则解释说，那是因为"档案放错地方"了。

2007 年年初，多个新闻机构和民间人士根据《信息公开法案》，要求美国宇航局公开当年此事件的绝密档案。美国宇航局极不情愿地公布了约 40 页的文件，但人们发现这显然不是完整的档案，因为最重要的内容已经不翼而飞了。

当他们要求做出解释时，美国宇航局却表示，他们公布这些文件只是为了让专家看看当时究竟找到了什么，以及找到的是什么东西；当专家们断定它是前苏联卫星残骸之后，这事也就完结了。而不幸的是，许多与此相关的文件后来放错地方，再也找不着了。

然而，美国宇航局负责空间残骸的首席科学家尼古拉·L·约翰逊后来协助美国科幻频道的调查记者雷斯利·凯恩查了 1965 年太空残骸的跟踪档案，结果并没有发现任何前苏联卫星残骸坠入美国的记录，当天也没有任何其他人造天体残骸重返大气层的记录。

在这种情况下，美国宇航局于 2007 年 10 月 26 日答应将重新

核查档案资料，但态度并不积极，结果引起华盛顿法官的强烈不满，于是勒令美国宇航局年底前找回"失踪"的档案。

事实上，自从凯克斯堡事件发生后，各方对坠毁的神秘物体有着不同的猜测。有的说它是陨石，有的说是美国的秘密军事飞行器，有的说是外国卫星残骸。但随着时间的推移，各种迹象越来越显著地表明，这个神秘的事件应该与"天外来客"有关，美国政府为保守地外先进技术的秘密，因此才将真相隐瞒了这么多年。

真相究竟如何？只有等美国宇航局把档案完全解密了我们才知道。

2. 沙格港：水下行动

1967 年 10 月 4 日晚上 10 点，加拿大东部新斯科舍省。

年仅 12 岁的克里斯·斯泰尔斯正准备睡觉。突然，他看到一个橙色的亮光沿着海岸线移动。由于那道光线很暗，看不大清楚，于是他抓起外套，迅速地冲出大门，跑到了海边。

当他跑到海边的时候，看到一个奇异的橙色球体正沿着海岸线盘旋着。那个物体直径大约有 20 米，颜色如同一根在壁炉里烧得发红的拨火棍，离水面大概有 3 米，没有发出任何声响。斯泰尔斯感到十分害怕，于是马上逃离了现场。而此时，那个物体飞越了整个港口。

1 小时后，在位于半岛南端的沙格港村里，18 岁的渔民劳里·威肯斯正和三个朋友一起开车回家，突然，天空中一个奇异的物体吸引了他的注意力。

威肯斯先是看见天空中有一个橘黄色的发光物，之后发现它变成了两个，后来又变成三个，后来又变成四个。它们全都沿着水平线飞行。

威肯斯沿着公路飞驰，试图将那些奇怪的光芒保持在视线内。但是那些无声的物体开始以 45 度角滑落，然后被树木彻底挡住了。

　　1957 年 10 月 16 日，美国新墨西哥州三河城的梅斯卡勒罗印第安原住民区的护士埃拉·刘易斯·福岑沿着 54 号公路开车，在临近霍尔曼空军基地时拍下了这张照片

在几千米以外，18 岁的诺曼·史密斯正与一个朋友开车回家。当经过熊角树林的时候，他们也看到了天空中的亮光。

那些奇异的亮光让他们不禁驻足观望。史密斯对着那些光盯了一会儿，他的好奇渐渐变成一种恐惧，因为他从来没有见过那样的东西。

而劳里·威肯斯则和他的朋友们一路追踪着那个奇怪的物体。突然，他们看到一道光一闪而过，随之听到一个呼啸的声音，像是一颗落下的炸弹。他们猜测它可能落入了港口，于是便加速朝着海边驶去。

当他们到达山顶的时候，看到在港口中有一个淡黄色的、半球形的亮光沿着港口在向下漂移。他们以为发生了坠机事件，于是威肯斯驱车飞驶到最近的一个电话亭，给当地的加拿大皇家骑警队总部打了报警电话。

从第一个发现 UFO 到报警，一共用了一个半小时。在这一个半小时的时间里，这个不明飞行物飞越了大半个省。

皇家骑警队是加拿大的国家警察部队。11 点 25 分，值班的警察一接电话，就听到了威肯斯激动的声音。听完威肯斯的叙述后，值班警官表示怀疑。但他刚放下电话，其他的电话就蜂拥而至。他们都来自于附近，而且都叙述了同样的事情。

有了如此多的目击者，加拿大皇家骑警队再也不能坐视不理了。

地球上的不明飞行物

1978 年 3 月 1 日，加拿大的一名摄影师拍下这张照片

与此同时，目击者诺曼·史密斯也在忙着通知人们，港口的上空出现了一个神秘的物体。史密斯跟着警车来到一处海滨停车场，那里已经聚集了一群围观者。现场的居民和加拿大皇家骑警队的警官们观察着这个暗黄色的亮光从海岸向外漂移了大约300米。

现场的每个人都确信，他们见证了一场坠机事件。

当晚 11 点 38 分，其中一名警官给救援协调中心打了电话，并且与附近的海岸警卫队快艇取得了联系。周围地区的灯塔看守人也进入了警戒状态。

与此同时，加拿大皇家骑警队临时拟订了救援计划。他们开始联络当地的渔民，征用船只前往坠毁地点。

消息发布后，居民们立刻投入行动。午夜前，两艘搭载着数名志愿者的船只全速朝着开阔的水域行驶。

探照灯的光束以十字交叉的方式照在黑暗寂静的水面上，搜救行动开始了。船上的气氛很紧张，救援人员准备面对一个漂浮着尸体和飞机残骸的可怕场景。

在最初的几个小时里，当地的渔民、警官和海岸警卫队的队员仔细搜索了港口的水域，他们没有找到任何残骸碎片，但却看到了更为奇异的景象。

水面上漂浮着一条长长的泡沫，颜色发黄，像香槟酒。

渔民们意识到，这些神秘的泡沫与坠入海中的物体有关。

奇怪的泡沫很快就融入深暗的水中。但是比这些泡沫更令人

不解的是，现场没有留下任何残骸。如果真有什么物体坠入了沙格港的海里，也已经完全消失不见了。

救援协调中心分别与位于新不伦瑞克省蒙克顿的空中交通管制中心和位于安大略省北湾的北美防空司令部进行了联系，以确定是否有民航、商务飞机或军用飞机失踪的报告。

他们获得的信息表明：没有任何飞机在沙格港坠毁。

他们开始意识到，这可能是来自太空的不明物体。

那么，这些黄色的泡沫可能是什么呢？是不是飞船上泄露的燃料？

第二天太阳升起的时候，整个村子都笼罩在恐惧和疑惑中。这时候传来消息称，没有找到任何残骸。政府没有发布任何信息，但各种推测如野火般迅速传开了。

最终，救援协调中心发布了一项声明，排除了发生飞机坠毁的可能性。

10月5日上午10时20分，救援协调中心向加拿大武装力量总部发了一份标注为"优先级"的电报。电报简要报告了沙格港居民和皇家骑警队警官所看到的一切，将坠落在沙格港的物体称为"暗物体"。

在电报中，救援协调中心将这个可疑的物体归类为UFO。与以往不同，在这起事件中，最先使用"UFO"一词的是官方而不是目击者。

10月5日晚，加拿大军方空军中队长威廉·贝恩对救援协调

中心的电报进行了仔细研究后，向加拿大海事指挥部发了一份加急电报。电报建议立即对该地区进行水下搜寻工作。如果那个神秘的"暗物体"没有留下任何漂浮在海面上的残骸，那么潜水队可能会在水面下找到些什么。

海事指挥部做出了回复，从哈利法克斯的海军舰队潜水部队派遣了一支潜水小队。他们于 10 月 6 日抵达事发地点，并从海岸警卫队的第 101 号快艇的甲板上跳入海中。

潜水员抵达了现场，他们对港口水域进行了粗略的分区，每个区域长 800 米、宽 2400 米。新斯科舍省附近水域的能见度通常十分有限，最多只有大约 6 米，水里到处都是浮游生物。而搜索的设备却很简陋，只有在水下使用的手电筒。

10 月 7 日，加拿大广播公司的一个摄制组来到这里，对正在执行任务的潜水员进行了拍摄。

当天，海事指挥部又额外派遣了三名潜水员前往事发地点。搜寻工作在不断深入，沙格港的人们都希望真相能够水落石出。

图为沙格港事件新闻报道的真实镜头

10 月 8 日，海事指挥部下令结束水下搜索。他们宣称，三天的搜寻工作"毫无结果"。

沙格港事件因为加

拿大《先驱纪事报》的有关报道而为公众所知。然而，正当记者准备继续跟踪报道这一事件时，他却被告知停止手头的工作。据说，这是因为一些科学家和学术界人士决定淡化这一事件的神秘色彩。

很快，有关这个事件的报道就从报纸的头版退居到了背页。一个月之后，就很难再找到相关的报道了。

……

1992 年的一个夜里，当年沙格港事件的目击者之一克里斯·斯泰尔斯在他的家中看了一集《罗斯威尔事件》的纪录片，这让他不禁想起已经被人们遗忘了的沙格港事件。他清晰地记得，政府并没有否认他们相信这是一个真正的 UFO 事件。

斯泰尔斯决定亲自对沙格港事件进行调查。他利用加拿大的《知情法》，请求加拿大国家档案馆和国防部提供有关文件。

几周后，政府文件以微缩胶卷的形式送到了哈利法克斯图书馆的分馆。一项缓慢而乏味的调查开始了。

在这些解密文件里，加拿大官方使用了 UFO 这个词，而不是目击者率先使用，这是全世界唯一的一次。这也使得这次事件被称为"加拿大的罗斯维尔事件"。

微缩胶卷包含了数千份关于 UFO 目击事件的文件，这些事件发生在 1965 年至 1981 年的加拿大。

斯泰尔斯在微缩胶卷阅读器前一坐就是几个礼拜，直到有一天，他看到有一份文件上标着"UFO"三个大字，下面画了三道横线，

而这份文件和沙格港事件有关。

突然之间，一切原始材料都摆在了他的面前：救援协调中心发给总部的优先级直发电报、加拿大海事指挥部下达潜水的指示，以及数十名目击者的证供。而此时，他还有 1.6 千米长的原始文件胶片和个人文档要看。

斯泰尔斯意识到，他面对的是加拿大历史上最大的 UFO 事件。

发现了加拿大政府隐瞒的这项绝密工程，斯泰尔斯决定寻求帮助。他与 UFO 研究者唐·莱杰取得了联系，请他协助进行调查。

对斯泰尔斯和莱杰而言，这些文件表明，加拿大军方所知道的远比他们公布的要多得多。通过对这些解密文件的仔细分析，他们绘制了一条事件发生的清晰时间线。

从文件中发现，10 月 4 日的目击事件并非只发生在沙格港。那天晚上，新斯科舍省各地区的目击者都报告了相同的情况。接着，斯泰尔斯发现有一份目击者证词是来自一个令人意外但又极其可靠的来源——几名经验丰富的民航飞行员。

1967 年 10 月 4 日晚上 7 点 15 分，加拿大航空公司 305 航班上的两名飞行员正驾驶飞机飞行在魁北克省东南部的上空。机长和副驾驶向机舱左窗外扫了一眼，看到了一幅令人震惊的景象。

他们看到，天空中有一个巨大的圆形彩色物体，看起来像一个带着尾巴的风筝。这个物体就离他们的左舷不远，飞行高度略高于他们的飞机。

两名经验丰富的飞行员惊慌失措。他们对着这个奇形怪状的物

体观察了几分钟。突然，那个物体发生了爆炸。根据他们的证词，当那架 UFO 消失的时候，他们开始采取躲避行动。经过深思熟虑，飞行员们决定向官方汇报所发生的奇异事件。

在位于哈利法克斯的圣玛丽大学中，斯泰尔斯发现了一份珍贵的 X 档案。

这份皇家骑警队的 X 档案生动地讲述了更多有关 10 月 4 日夜里发生的细节情况。其中的一份报告里提到了一位船长的证词。

当时，渔船位于新斯科舍省三布罗岛沿海。船员们看到远处有 4 架盒子形状的 UFO，然后又在雷达屏上发现了它们。

船长的报告还包含了一些更令人困惑的内容——有关在沙格港东北 50 千米处的谢尔布恩进行的一次水下搜索。

那架 UFO 是否在坠毁后从沙格港漂到了其他地方？谢尔布恩城过去曾是加拿大一个军事基地的所在地。这是否与沙格港事件的秘密有关？

事实上，在 20 世纪 60 年代，谢尔布恩基地的官方名称是海洋学研究所，但是其真实身份在冷战的疑云下被掩盖了。这个基地在其全盛时期曾是一个绝密的监听站，为美国海军跟踪前苏联潜艇在北大西洋的动向。他们从扩音器中获取发动机噪声和潜艇航行时发出的声音。他们把这些信息输入电脑，此后可以通过信息匹配来辨认是否是同一艘潜艇。

1976 年 9 月 26 日，达也秀一在日本札幌拍到这张照片

　　加拿大政府是否可能使用这种潜艇跟踪技术来定位一架沉没的 UFO 呢？海军是否曾利用人们将关注焦点聚集在沙格港的时机，在谢尔布恩沿海进行秘密搜索呢？

　　为了继续进行调查，斯泰尔斯开始寻找那些最了解情况的人，也就是那些实地探查了海底的潜水员。

　　1993 年 4 月 9 日，其中一名潜水员同意接受斯泰尔斯的采访，但条件是不能公开他的身份。

　　他说，当时他们确实在水下发现了一些东西，但不是在沙格港。当他们抵达沙格港时，就知道那个物体已经不在那儿了，而是已经沉入到格瓦门特角之外 40 千米处的海床上，那正是在谢尔布恩基地附近。

　　那些潜水员被派往了谢尔布恩。他们在水下发现了两个物体，其中一个是用来协助另一个降落的。在谢尔布恩，美国海军的一支舰队和加拿大的船舰就停泊在那两个物体的上方，并监视它们的行动。

　　这名受采访的潜水员和他的同伴潜下水，惊讶地发现那个物体仍在活动。在海底，他们看到了他们认为是"生物"的东西从一个物体向另一个物体提供协助。

　　海军的小型舰队对两架 UFO 进行了几天的观察。突然，在这个紧要关头，一艘闯入加拿大领海的前苏联潜艇打断了这次行动。当海军的舰船试图去拦截那艘前苏联潜艇时，那两架 UFO 往回向缅因湾移动，最终冲出水面飞走了。

1967 年 10 月 11 日晚上 10 点，正好是沙格港目击事件发生一周后，神秘的亮光又一次出现在天空中。居住在距谢尔布恩 56 千米处的下伍兹港的一户人家看到了这个景象。

一周后的同一时间，发生了所谓的"洛克兰德·卡梅隆目击事件"。人们看到两个发光体离开沙格港区域，飞向远方。这和那个潜水员的讲述十分吻合，这种吻合令人震惊。

是否正如那名海军潜水员所说的那样，一架外星飞行物真的"坠入"了沙格港呢？

一些人坚持认为，那个既能在空中又能在水下行驶的物体，只可能是来自外星球。甚至在今天这个拥有隐形飞机的时代，我们仍然没有制造出同时具有空气动力和流体动力性能的装备。

另外一些人认为，在 20 世纪六七十年代，正是火箭鱼雷（即通常所说的反潜导弹）的开发研制期。在这个过程中，有很多的技术正处于完善和发展的过程，可能会出现一些研制方所意想不到的技术故障，或有残留物溢洒在水面上。由此联想，加拿大海域出现的这些异常情况，有可能是因为军方实验的事故所造成的。

关于沙格港事件的真实情况，至今仍是一个奇异的谜团。也许，只有等到有一天加拿大军方公开他们的档案之时，人们才能最终发现事情的真相。

3. 柯拉瑞斯岛：致命光束

1977 年 9 月，巴西柯拉瑞斯岛上的很多当地居民，声称自己被天空中的不明飞行物发出的光束攻击。这个一向宁静的偏远小岛，完全陷入了恐慌之中。

那时，24 岁的沃莱蒂·卡瓦略医生，是当地医疗机构的负责人。她在岛上只生活了半年。过去几天里，这位年轻的医生发现她的病人数量在不断增加。很多人都说自己被奇怪的光线弄伤了。

起初，卡瓦略医生认为那不过是一种集体幻想。可是，这些病人的症状几乎完全一样，那些伤痕大多在胸口、肩膀附近，伤痕的面积不太大，最大的直径也没有超过 15 厘米，看上去像是被某种放射线灼伤的。卡瓦略医生此前从未见过类似的灼伤痕迹。

受害者们表示，奇怪的光束接触到他们的皮肤时，就产生了那些灼伤。

一个女人在自己家中被奇怪的耀眼光束袭击，她的家人把她送过来后，卡瓦略医生给她做了身体检查。病人当时不断地痉挛，牙关紧闭，紧紧闭着眼睛，已经完全失去了正常的生理反应。

卡瓦略医生试图让病人的状况稳定下来，然而情况一点也没

有好转。她只能把病人送到附近大城市贝伦的医院去治疗。

5 天后，卡瓦略医生的办公室里，迎来了另一位全身僵硬的病人。据目击者称，当时病人正站在自家的院子里，突然被一道强光击中了。

卡瓦略医生把这个病人也送到了贝伦的医院。很快，她收到了医院发给她的有关病人病情的报告。她们都死了，报告上"死因"一栏只写着"不详"。

为什么这两名女患者会因为神秘的光束而死亡？

从这些被灼伤病人的病状来看，他们有点像一种心理性的疾病——癔症。得癔症的人，他们往往会有一些夸张的症状，比如说突然抽搐，或者肚子疼，或者僵硬了、麻痹了等等。但是癔症只是有一些身体症状上的表现，不会真正有一些灼伤或者是器质上的病变的，而这些人身上都出现了一些灼伤。

另外，癔症通常是不会造成死亡的，而本次案例里有两个人都死亡了。

卡瓦略医生希望尽快结束这场莫名的恐慌，于是，她联合其他城镇的官员，共同向市长求助。

1977 年 9 月，市长联系了巴西空军地区司令部。当年的 10 月，司令部派遣奥兰达上校带领一些空军官员、工程师和科学家组成调查小组，前往柯拉瑞斯岛调查那些离奇事件。奥兰达上校的任务被称作"飞碟行动"。

他们一到柯拉瑞斯岛，就发现那里已经完全陷入了恐慌，恐

惧令人们无法入睡。

10 月，一个温暖的夜晚，23 时。

巴西柯拉瑞斯岛的居民奥利维耶，正在卧室的吊床上睡觉。突然，一道明亮的光穿透了房屋，照亮了整个卧室。光线似乎是从天上照下来的，十分强烈，它甚至穿透了屋顶上的瓷砖，照在了奥利维耶的大腿上，然后很快就消失得无影无踪。

那些光一消失，奥利维耶就感到一阵灼痛。他不知道发生了什么事，起来低头一看，腿上有一个红色的圆圈，中间还有一个黑点。

几天后的一个晚上，8 点多钟，当地 24 岁的渔夫奥利瓦多·马拉基亚斯·皮涅罗，与一个朋友正在海滩上撒网。突然，皮涅罗的朋友发现天空中有个东西在低空飞行，还发出耀眼的光芒。那个东西没有发出任何声响，也没有什么气味。

图为神秘的光束

两个年轻人非常害怕，立刻向城里跑去。他们惊慌失措地告诉其他居民刚才见到的一切。很多人都说过去几周里，曾被那道光束追踪、攻击过。

两个小时后，居住在贝伦的《帕拉州日报》的记者卡洛斯·门德斯在办公室接到了电话，柯拉瑞斯岛的居民们说，媒体应该去那里采访报道，那些光不断出现，让人们感到十分恐慌。

当晚，他和摄影师就赶到了柯拉瑞斯岛，当地人蜂拥而上，争先恐后地告诉他们自己被奇怪光束袭击的遭遇。

有个女人说，晚上在自己家里时，突然，一道光束穿透了屋顶，照亮了整个卧室，她的四肢顿时都麻痹了。第二天发现胸口上有一些印记，好像有人用大头针反复戳扎而留下的痕迹。

其他一些受害者，也讲述了类似的遭遇。他们说光线曾经令他们无法动弹，似乎在吸吮他们的血液。

卡洛斯·门德斯从未亲眼见过那些光束，他不知道该怎么报道这些奇怪的事。然而，人们脸上的恐慌却是实实在在的。

接下来的两个月里，奇怪的景象又不断地出现。

有80多个人宣称，自己曾被密集的光束包围。他们的描述大致是：光束从空中照下，照射在人们身上，令他们突然麻痹。他们不明白自己为什么会成为袭击的目标。

当地人变得很警觉。很多妇女和儿童离开了家乡。有些人在海滩上点起篝火，整夜在那里警戒。其他人则待在自己家里，紧紧地锁住房门，担心成为奇怪光束的袭击目标。

这些神秘的光束为什么要攻击人类呢？

调查小组成员在附近的海滩上搭建了掩体，架设好望远镜和摄影机。岛上居民期待他们能够平息恐慌，令小岛重新恢复平静。

奥兰达上校与一些目击者见了面，其中包括48岁的埃米迪奥坎波斯·奥利维耶。上校仔细地查看了奇怪的光束在他大腿上留下的伤痕。

接下来的4个月里，奇怪的现象依然不断发生。奥兰达上校和他的调查小组，先后访问了3000多位居民，拍摄了大量照片，画下很多草图。

他们设置的监视系统24小时不间断地工作着，但是空军方面从未向外界透露过他们的发现。

一天早上6点钟，卡瓦略医生从当地的医疗机构下班回家，突然发现一个女人晕倒在地。她抬头向天空看去，一个圆柱形的物体在大概十层楼高的地方，沿椭圆形轨道不断飞行着。随后，它向着海湾的方向飞去，一直飞向大海。

卡瓦略医生一看见它，立刻感到全身麻痹。它的颜色很独特，既不像不锈钢，也不是银色，和任何东西的颜色都不太一样。

几乎在同一时刻，空军调查小组通过架设在附近海滩的雷达捕捉到一个信号。就在调查小组忙于用照相机和望远镜聚焦时，那个物体突然消失了。

　　1952 年 7 月 19 日，海关检货员多明戈·特龙科索在秘鲁和玻利维亚边界上的一个热带丛林里拍摄到这张图片。这个在天空中的巨大的飞船状的飞行物，正低于水平线超低空飞行，并且是从右到左地从观察者眼前经过

1977 年 12 月，不明飞行物出现得越发频繁。与此同时，奥兰达上校接到命令，要求他立刻终止"飞碟行动"，交出所有调查资料，返回空军地区司令部。他们搜集到的所有照片、胶片和草图都被秘密收藏起来。那些文件中包括 500 多张照片和 3000 多名目击者的采访记录，他们都声称自己曾在亚马逊河的柯拉瑞斯岛上遭到强光的袭击。

接下来的几个月里，有关看到奇怪景象和遭遇异常攻击的报告渐渐少了；在空中看到神秘强光的故事，逐渐变成了当地的传说。

此后，"飞碟行动"一直被尘封于世。巴西空军于 1977 年针对不明飞行物开展的"飞碟行动"产生的大量绝密文件，都被封存在政府档案中。

1997 年 6 月，《UFO 杂志》的编辑杰瓦尔德正在工作，他突然接到一个电话。打来电话的正是当年调查小组的负责人奥兰达上校，他说有话想跟杰瓦尔德谈谈。

很快，杰瓦尔德和副编辑马可·珀蒂就赶到了奥兰达上校的家中。他们在上校的家中待了 3 天，并且拍摄下了整个会谈的过程。

1997 年 10 月 2 日深夜，奥兰达上校的女儿突然有种不祥的预感。于是，她上楼来到父亲的卧室，当她推开房门，看见了惊人的一幕：她的父亲已经死了！看起来像是自己吊死的。

是精神方面的疾病导致了他自杀？还是另有原因？

难道奥兰达上校的自杀，仅仅是因为接受了一次普通的采访？那么，他究竟看见了什么呢？

2004 年 3 月，杰瓦尔德和马可·珀蒂决定采取行动。他们发动了一场名为"UFO 信息自由"的运动，希望能够接触到高度机密的柯拉瑞斯岛调查报告。此时，距离奥兰达上校死后已经 6 年了。

2005 年 5 月 20 日，巴西政府终于同意公开档案。杰瓦尔德、马可·珀蒂和其他一些研究人员，来到巴西空军总部，研究那些高度机密的文件。这些文件都已经被封存了 30 多年，包括了 1977 年军方开展的名为"飞碟行动"的所有照片和草图。杰瓦尔德和珀蒂相信，这些文件也记录下了柯拉瑞斯岛上的 UFO 活动情况。

虽然杰瓦尔德和马可·珀蒂没能获准查阅档案中的胶片，但是他们终于看到了"飞碟行动"负责人奥兰达上校拍摄的照片。黑白照片上，明亮的光线照亮了整个夜空。

研究人员获准查阅一些详细描述了与外星飞船相遇的文件。其中包括军方人员的经历，也有当地居民的经历。文件中，还记载了人们与神秘的强光几次不同寻常的遭遇。

报告最终得出结论，居民身上出现的灼伤伤痕和针刺痕迹可能是由强光造成的。然而，报告没有提供相关的证据。很多问题依然悬而未决。报告并未找出强光的来源，也没有说强光来自外星飞船。

直到今天，人们依然无法对柯拉瑞斯岛上出现的神秘景象做出合理的解释。

4. 蓝道申森林：神秘之光

1983 年 10 月 2 日，英国周末报刊《世界新闻》刊出了一条震惊世界的头条新闻："UFO 降落在萨福克郡——消息来自官方"。

图为当年报道新闻的报纸

这篇文章称，1980 年 12 月末，一艘神秘的飞船在智能控制下，侵入伍德布里奇—本特沃特斯空军基地上空。最吸引读者的，是这篇文章提供了政府的一份正式备忘录，证实了那些奇怪现象的存在。

那份名叫"不明光束"的备忘录，简要地描述了 12 月底的那次神秘事件。

1980 年 12 月 25 日凌晨 3 点钟，驻扎在本特沃特斯基地（位于英国萨福克郡）的美国空军人员约翰·巴勒斯正在基地的东门处巡逻，这时，他的上司巴德·斯蒂芬斯开着一辆卡车在他的身边停下，他邀请巴勒斯上车和他一起出去转转。于是，两人就一起驾车驶入了附近的蓝道申森林。

突然，斯蒂芬斯军士发现，前面森林里透出五颜六色的光，就像圣诞节的布置一样，各种颜色的光一闪一闪的。

这是怎么回事呢？难道，有人在这里秘密地庆祝圣诞节？

两个人都被吓坏了，赶紧驱车回到基地，并使用安全线路立即将此事通知了指挥塔。

几分钟后，在空军担任警卫已经有 7 年时间、经验丰富的 28 岁军士吉姆·潘尼斯顿和他的司机就赶到了基地的东门。巴勒斯和斯蒂芬斯领着他们来到了出事的森林里。

潘尼斯顿看到，在大约两三百米外，好像有架飞机刚刚坠毁。那些五彩缤纷的光线，似乎是燃料燃烧后发出的。

潘尼斯顿立刻通知中央安全控制室，迅速清查附近是否可能发生了飞机坠毁，他还详细询问了斯蒂芬斯刚才所看见的一切。斯蒂芬斯说那个东西不是坠毁，只是降落。斯蒂芬斯感到十分害怕，无法继续协助调查。于是，他回到车上，而巴勒斯和潘尼斯顿则迅速赶往神秘光线出现的地方。

树林非常茂密，很快车辆就无法继续前进，巴勒斯和潘尼斯顿只能步行。他们向前走了 50 米，发现无线电干扰十分严重。他们在森林中走得越远，无线电信号就越弱。

当他们逐渐靠近那片光时，此前做出的关于坠机的推测开始慢慢动摇了——那里没有任何烧焦的味道，四周非常平静。于是，他们走到了一片空地之上。

突然，一道明亮的光照亮了整片区域，亮得令人炫目。

潘尼斯顿走到距离那个物体 3 米左右的地方，发现明亮的光芒暗淡了一些。当眼睛适应了周围环境后，他被出现在眼前的景象惊呆了，并立刻用军用相机拍下了当时的照片。

那是一艘飞船，呈三角形，大概宽 2.7 米，高 2.4 米，表面十分平滑。无法区分它的正反面，没有在一侧安装发动机，没有驾驶舱，也没有类似的结构。

在走近飞船仔细观察后，潘尼斯顿伸出手去，触摸那艘飞船。它的整体结构很流畅，像是玻璃一样。用手摸起来感觉很温暖，但并不烫手，上面没有任何照明装置。

潘尼斯顿注意到那个物体的前面，有 6 个大概有 0.9 米宽的符号。看起来像是某种记号，既不是数字，也不像是某种语言。

突然，那个物体又发出炫目的光芒，向上飞了起来，然后越过了树林。巴勒斯和潘尼斯顿慢慢地站起来，注意力又被树林间另一束光芒吸引住了。起初，他们以为还是那艘飞船，仔细看了看，才发现原来是 8 千米外的奥德福岬灯塔。

巴勒斯和潘尼斯顿检查了一下随身携带的无线电装置，它们又可以正常使用了，此时已是凌晨 5 点钟。

当天早晨，巴勒斯和潘尼斯顿被带去汇报情况。他们一起去了指挥官办公室，把那天晚上发生的事情大概地说了一遍。

据潘尼斯顿后来回忆说，当他汇报完情况后，指挥官警告了他："蓝皮书计划"1969 年就结束了，有些事情最好不要管。

"蓝皮书计划"是美国空军备受争议的 UFO 调查研究的代号。"蓝皮书计划"结束之前，它的目标是判断 UFO 是否对国家安全存在潜在威胁。

回到自己的房间，潘尼斯顿无法入睡。最后，他带了一些石膏，又来到那个地方，打算用石膏将飞船留下的痕迹制成模型。

潘尼斯顿发现，地上有三个压痕，呈对称状，它们相距 3 米左右，每个压痕都有几厘米深。他相信这是飞船降落在林间地面上留下的着陆点。

专家认为：当时目击者所看到的压痕呈现这种三角形分布，很有可能是某一种飞行器在降落过程中压出的，因为目前人类还没有创造出一种飞行器是这样一种对称的三角形形状。

然而，出乎所有人的意料，仅仅两天之后，那个不明飞行物又回来了。

1980 年 12 月 27 日的晚上，40 岁的基地副指挥官查尔斯·哈特中校，正在参加军官俱乐部举行的节日聚会。突然，一名年轻的空军士兵冲进哈特的房间，结结巴巴地说："先生，它回来了。"

哈特感到非常困惑，问："什么？什么回来了？"

那名士兵说："UFO，先生，UFO 回来了！"

哈特闻言，立即带领一小组士兵冲进森林展开调查。当他们赶到的时候，士兵们已经在森林里拉起了一道警戒线。而此时，UFO却已经不见了。

突然，他们带来的动力强大的照明系统神秘地断电了。哈特带领小组开始收集一切能够工作的设备：一台照相机、一台夜视仪和一台测量放射性的盖革计数器。

调查小组开始向漆黑的森林深处挺进。哈特中校用随身录音机录下了当时的对话。

【哈特录音】

哈特中校：从我们怀疑的事发地点出发后大概行进 45 米了。强光照明无法正常工作，给我们带来一些困难。好像有点机械故障。

除了强光照明出现了机械故障，与两天前巴勒斯和潘尼斯顿一样，哈特中校率领的小组也遇上了无线电干扰。他们穿过巴勒斯和潘尼斯顿声称遇到神秘飞船的地区，哈特中校注意到附近一些树的树皮上出现深深的裂缝，好像是被一个庞然大物撞的，他命令一名士兵拍下照片。

盖革计数器显示当地辐射水平很高，不过只限于飞船降落过的区域。

就在这时，一个声音突然惊动了漆黑的森林。

　　这张照片是 1976 年 3 月 8 日在瑞士拍摄的，从照片中可以看到

3 个飞碟

【哈特录音】

哈特中校：1 点 48 分，我们听到农户牲口圈里传出奇怪的声音。声音非常活跃，有很多可怕的噪音。

其中一名士兵指了指远处的一片白光，哈特中校用录音机记录下了当时的情况。

【哈特录音】

哈特中校：你看见灯光了吗？慢点，在哪？在哪？

内维尔军士：就在那边，一直向前，在树林中。

英格伦上尉：它又发光了……看，长官，就在我前面又闪了一下。

哈特中校：嗨，我看见了。那是什么？

内维尔军士：不知道，长官。

哈特中校看见了那个发出耀眼红光的物体。

【哈特录音】

哈特中校：我们距离事发地点已经有 45 米至 60 米左右。周围一片死寂。毫无疑问，前方不断闪烁的红光有点奇怪。

内维尔军士：哦，它变成黄色了。

哈特中校：我也看见有黄色的光，真奇怪，它好像只会这样动。

内维尔军士：是啊，长官。

哈特中校：它比刚才更亮了……它好像过来了，真的好像过来了。

哈特和小组成员一路追踪那个物体，当他们一接近，那个物体

就后退，一直逃到了农田里。然后，它就在那里待了二三十秒钟。

突然，那个物体发生了爆炸，碎成很多白色的小碎片。哈特中校他们走进农田，在地上仔细搜寻爆炸的痕迹，希望找到掉下来的东西。然而，他们一无所获。

【哈特录音】

哈特中校：嗨，它从南边飞过来了，朝着我们飞过来了。

那个物体在哈特中校他们的头顶上方停下来，发射出一道光束。

【哈特录音】

哈特中校：我们看见一道光束从空中直射向地面。这太离奇了。

那道光束一直就这样照着，照在他们的脚上，似乎在发出某种警告信号，所有的人都吓坏了。随后，那个物体又加速飞走了，大家傻傻地看着，仿佛被施了催眠术。

那个不明飞行物飞过基地上空，又开始向地面发射光束。有些人说，看见了光束直接照在基地的武器库一带。

【哈特录音】

哈特中校：那个物体依然在伍德布里奇基地上空盘旋，与地平线的夹角大约是 5~10 度。路线无法确定，与刚才相似的光束依然照射着地面。

就在这个时候，哈特中校录音机里的磁带到头了，而不明飞行物依然在远处盘旋。

哈特中校和他的小组，都不知道接下来该怎么办。每个人都感到精疲力竭，于是大家只好垂头丧气地走回基地。

一名巴西航空公司飞行员在 1976 年驾驶波音-727 从亚马逊丛林飞过时，从驾驶舱里拍下这张照片

此时，政府秘密机构正在开展一场大规模的调查。

与哈特的会谈结束两个星期后，潘尼斯顿再次被叫去接受询问。这一次的调查人员级别更高——是空军特别调查局。他们可以任意去基地每个地方，包括将军办公室。

那件事情过后不久，陪同巴勒斯去过事发地点的阿德里安·布斯廷萨军士，被领到了基地的一间地下室接受询问。直到现在，布斯廷萨依然拒绝公开谈论那天晚上发生的事情。

其他目击者也说，他们被迫放弃讲述那个关于UFO的故事。他们被警告不许说出一切，必须把那天的经历当成最高机密。

被询问后不久，巴勒斯就回到了值勤岗位。巡逻的时候，他看见森林那边人来人往。有车辆离开伍德布里奇基地，进入了森林。直升机在森林上空不断盘旋。

随着调查地不断深入，哈特中校和其他目击者，都被命令将他们的证词写在文稿上，然后提交给上级。哈特中校按照指示，写成了一份名叫"不明光束"的文件：

士兵们报告称，在森林里见到了神秘发光物体。那个物体的外形像是全金属的，呈三角形。

哈特的上级带走了那份文件。而神秘光束再也没有出现在基地附近。最终，关于外星飞船的传言终于销声匿迹了。

士兵们说，目击事件被官方有意隐瞒。

2002年，英国政府最终公开了一组新的报告。新的文件提供了蓝道申森林事件的其他信息，证实了英国政府于1981年，对神秘现

象进行过调查。

虽然美国媒体曾经报道过这一被称为英国境内最著名的 UFO 目击事件，但是整个详细的目击档案一直存放在英国国防部，外界知者寥寥。到此次解密以前，只有大约 20 人看见过。

据悉，哈特上校于 1990 年退役后，对那次 UFO 事件一直守口如瓶。UFO 研究者相信，光临英国蓝道申森林上空的 UFO 一定是外星飞碟。但针对英国境内发生的 UFO 目击报告，英国国防部一口否认了"外星飞碟说"，宣称没有任何证据显示那些所谓的 UFO 和外星飞碟有瓜葛。

1997 年 5 月 21 日，当时正在研究蓝道申森林 UFO 事件的伦敦作家乔治娜·布鲁尼在一个慈善晚宴上和英国前首相撒切尔夫人相遇，布鲁尼想知道这位英国前首相是否清楚飞过蓝道申森林上空那架神秘 UFO 的真相，但撒切尔夫人竟然对她说："UFO？我们不能将它的真相告诉公众！"

曾经在 1991 年到 1994 年担任英国国防部前"UFO 计划"负责人的尼克·波普说："布鲁尼向我披露了撒切尔夫人的评论，她一定知道某种说出来也许会引起公众恐慌的内幕。"

5. 揭秘"3·18UFO"事件

1991年3月19日，上海《新民晚报》发表了一篇题为《不明飞行物昨天光临本市一架民航客机，随其飞行9分钟》的报道，下面是该文的节选：

不明飞行物昨天光临本市

昨天傍晚，一个不明飞行物光临本市。

一架民航客机尾随其后9分钟。

……

虹桥机场指挥塔值班员金鑫来电称：18时13分，机场西北上空约3000米处发现一椭圆形橙黄色光环……

当时，由虹桥机场起飞的上海飞往济南的3556航班正在该光环附近飞行，指挥塔立即与之取得联系。据飞行员观察，光环中有一飞行速度极快的物体在移动，尾部喷射出炽烈的红光。

……

它（红光）突然转为黑色，并分离出圆形和长方形两个小飞行物。两个小飞行物……方向变幻不定。

在临近苏州上空时，它们突然调头朝飞机高速飞来……正当紧急之际，两个小飞行物合二为一开始急速爬高，转身飞逝。此时，这架"肖特360"小型客机已"警戒飞行"9分钟。

1966年夏天，一位飞行安全负责官员在瑞士苏黎世的国际机场抓拍了两个红色物体。这张照片随后就被瑞士飞行员费迪南德·斯切米得公开了

据了解，驾驶 3556 航班的朱姓飞行员是个有经验的中年飞行员。当时空中晴朗无云，能见度极好，他清晰地看到该物体比飞机大。

2008 年 6 月 28 日，在上海举行的"上海重大 UFO 事件讨论会"上，南京紫金山天文台王思潮研究员、上海市 UFO 探索研究中心吴嘉禄主任和民间 UFO 爱好者章云华，对 1991 年 3 月 18 日那次闻名全国的"UFO 事件"进行了辩论，而关于"3·18UFO 事件"的录音也首次被完整披露。

这份尘封了 17 年的录音，是国内目前已知的唯一一份飞行员目击 UFO 的录音档案。那么，UFO 是怎么"跟踪"民航客机的呢？飞行员又究竟看到了什么？

以下是部分现场录音记录，其中的区调指地面指挥调度，3603 是飞行员朱兆元的代号。

区调：3603，你刚才有什么情况？

3603：刚才正常起飞之后，大约 7 海里左右，我的航向在 28 度，发现前方有一个不明飞行物，长度 3 到 5 米，好像一团喷火的东西，通红通红的。后来逐渐往东北飞，那么我就往左摇了一下，摇了一下它离我越来越远，飞得比较快，后来又折头。

我到二十几海里的时候，它又从北折头往东南边，往南飞，高度逐渐降低。我往西躲一下，往左躲一下，后来它又反过来往北飞，飞着飞着由红变成一溜黑的了，变成黑体了。

黑体以后，下降高度，最后又上升分离，下边一个长方形的，上边一个圆球，两个黑的再往东北飞，平飞了一段以后呢，又折向

西北，再爬高，然后在我的视线当中消失，后来又出现，现在消失了。

区调：明白了。你最后看到它是在什么时间？

3603：最后在26分，26分在无锡前十海里吧。

区调：好，当时它在你的什么位置？

3603：它在我的正前方……

区调：3603，你估计它的速度有多少？

3603：速度，因为，最大……我在空中不大好判断，我反正看那样子比较快，可能有六七百千米那个样子，就有点在平时我跟那个大飞机遇上那个速度差不多……

其间，两人还不断交流被跟踪物体的方位和形态。最后，"3603"报告地面：不明飞行物消失在无锡方向。

"3·18 UFO"一经披露，在国内外尤其是UFO界迅速引起了巨大的轰动。

根据这段披露的对话录音，人们发现，"3·18UFO"不仅可以避开雷达的探测，还可以静悬在离机场不远的半空中长达7分钟之久，而且，在地面的人们也没有听到声音。它的运动速度和方向可以随离3556航班距离的远近而快速变化，最后还能"爬高"，升上高空。这些"超能力"都不是人类飞行器可以具备的。

"我认为很可能是外星飞行器。"作为一名天文专家，紫金山天文台的王思潮研究员说。

1979 年 2 月，吉吉·布罗贝克在美国加利福尼亚州圣莫尼卡拍到这张照片

他告诉记者，现在有学者认为太阳系以外的智慧生命离地球太遥远，根本没法来。"这种想法其实是以人类现有的科技水平去想象外星智慧生命，实际上他们的科技水平很有可能远高于人类。而且他们用不着自己驾驶飞船，可以派高智能机器人驾驶外星飞行器来地球。"

而作为一名 UFO 爱好者，章云华的观点则与王思潮截然不同。

他认为，地面上看到的"3·18 UFO"，其实就是刚刚升空的 3556 航班小型客机，它的光滑机身因阳光反射被目击者看到，不同方位的人就会看出不同的形态。

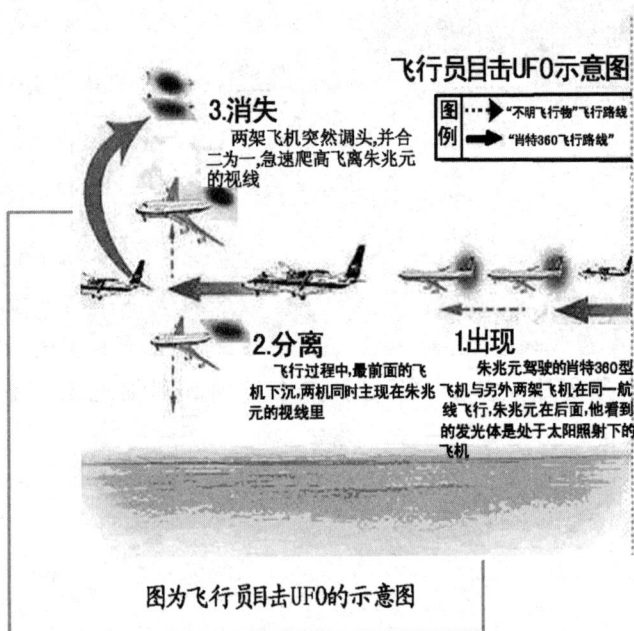

飞行员目击UFO示意图

图例　→ "不明飞行物"飞行路线
　　　 → "肖特360飞行路线"

3.消失
两架飞机突然调头，并合二为一，急速爬高飞离朱兆元的视线

2.分离
飞行过程中，最前面的飞机下沉,两机同时主现在朱兆元的视线里

1.出现
朱兆元驾驶的肖特360型飞机与另外两架飞机在同一航线飞行,朱兆元在后面,他看到的发光体是处于太阳照射下的飞机

图为飞行员目击UFO的示意图

据介绍，当时这架 3556 航班小型客机的正前方还有两架飞

机，它们三点连成一线，前面两架叠合在一起飞行并反射太阳光，使 3556 航班的驾驶员误以为是一个物体。过了一会儿，三者的空中位置因航向的多次改变而发生了变化，飞机以及前面的两架飞机均不再处于反射光区域，地面的目击者看到的飞机黯然失色，驾驶员也发现前面的飞行物颜色发生了变化，并且向两边分离了。当时的空域飞行记录证实了"3·18 UFO"分离变化的方向和角度。

但是，为什么当时地面雷达监测不到这个 UFO 呢？

章云华告诉记者，雷达的工作原理，是设备的发射机通过天线把电磁波能量射向空间某一方向，处在此方向上的物体反射碰到的电磁波；雷达天线接收此反射波，送至接收设备进行处理，提取有关该物体的某些信息。"3·18 UFO"中，机场雷达自始至终没有发现 UFO，原因不外乎两个：一是飞行员看到的不是实体，而是虚影，不能反射电磁波；二是雷达显示的本来就是正常飞行在航线上的飞机，所以地面人员不觉得有什么奇特。

作为上海市 UFO 探索研究中心的主任，吴嘉禄认为"3·18 UFO"事件是由人类尚未掌握的自然现象所造成的。

"我认为不大可能是飞机自身的反光，"吴嘉禄说，"民航交通运输管理的空中交通管制条例有明确的飞行间隔的规定，飞行密度大的京沪等地区执行更是严格。而且作为一名塔台工作人员，他没有道理会连飞机都分辨不出来。"

以上三人各执一词。但是，谁也没有充足的证据来证明自己

的观点。

"3·18 UFO"的飞行方向、速度、高度、轨迹变幻莫测，以及雷达测不到、无明显尾迹等实实在在的奇异特性，很难用目前的科学理论解释清楚。而它所呈现出来的奇异特性和明显特殊的物体形状，则毫无疑问符合人类现有知识所不能理解的特殊飞行器——不明飞行物（UFO）。

6.都溪林场：空中怪车

1994年11月30日凌晨3时许，贵阳市北郊白云区，都溪林场。

正沉浸在睡梦中的职工居民，突然被从空而至的如同火车一样的隆隆声惊醒，当时正在值夜班巡逻的保卫人员，看到低空中有两个移动着的火球发出红色和绿色的强光。

图为都溪林场被"空中怪车"拦腰截断的树木

几分钟后，都溪林场马家塘林区方圆400多亩的松树林被成片成片地拦腰截断，在一条长约3千米、宽150米至300米的带状四片区域里只留下了1.5米至4米高的树桩，折断的树干与树

冠，大多都向西倾倒。

有的断树之间，有多棵安然无恙，也有个别几棵被连根拔起。周围的一些小树有被擦伤的痕迹。

奇怪的是，林场地上覆盖的一层厚厚的松针落叶平静如常，没有任何被风吹、气流扰动的痕迹。

图为都溪林场被"空中怪车"扭成麻花辫的树木

这些被折断的树木直径大多为 20 ~ 30 厘米，高度都在 20 米左右。

断树附近苗圃的 10 余个塑料薄膜大棚完好无损，但棚内竹竿、花蕾却不翼而飞。

和都溪林场相距 5 千米的都拉营铁道部贵州车辆厂也同时遭到严重破坏，车辆厂区棚顶的玻璃钢瓦被吸走，厂区砖砌围墙被推倒，两根直径 10 厘米的钢管被折弯成 90°，还有两根直径 10

厘米的钢管被水平切断，角钢桁梁扭曲。重达 50 吨的火车车厢位移了 20 多米远，其地势并不是下坡，而是略微有些上坡趋势。

除了在车辆厂夜间执行巡逻任务的厂区保卫人员被风卷起数米空中移动 20 多米落下并无任何损伤外，没有任何的人畜伤亡，高压输电线、电话电缆线等均完好无损。

贵州省有气象资料以来显示最大的风力是 27 米/秒，相当于八九级风。而这次通过计算知道，其中心风速为 200 米/秒，即可达 70 级以上的风力。这样大的风力受冲击范围直径一般有数千米，而这里却只有十几米。

在车辆厂的航吊车间，重达 5 吨的航吊车，事发后也在空中的轨道上平移了 56 米之多！而且平移是发生在袭击事件的同时，在近万平方米的几乎封闭的航吊车间中。

在林场，有人发现有磁异常。在一个斜坡处发现有一个大圆圈，疑似飞碟着陆的痕迹。

事后，人们将这起离奇的事件称为"空中怪车"。

1995 年 1 月 18 日，国家科委组织中国科学院生态研究中心、中国建筑材料研究院等单位的 12 位专家到都溪林场实地考察。考察结论是：

从树干折断的方向性、破坏程度的选择性和所需能量来看，不是龙卷风和雷电声光所致，只有核能和磁能才能解释，或者是超自然现象。

地
球
上
的
不
明
飞
行
物

　　1975 年 5 月 26 日，一位不知名的摄影师在法国拍摄了这张照片

1995 年 1 月 21 日，中国 UFO 研究会贵州分会秘书长及副秘书长等人来到都溪林场考察现场情况，许多林场职工都报告了当晚的目击情况。

●贵阳车辆厂李某：凌晨 3 时 25 分，我听见火车开来的巨响，并有大风和强红光，我吓得用被子蒙住头。早上起床后，我看到 6 栋和 7 栋之间的草地上一棵直径 10 厘米的小树被折断，抛到 1 米多远的另一棵树上缠绕着。7 栋旁的草地像被水洗过一样往一边倒，草地上圆圈内的草像被烧焦了一样。

●顺红饭店吕某：3 时 15 分～3 时 18 分，我听见大风吹石打在玻璃上。我起来从窗户看到天空有一个金黄色的光球从 901 方向飞来，长约 1 米，椭圆形，光球中间是绿色，其间夹杂着十分美丽的七彩光，有光环，逆时针滚动飞行。光环后面有雾气，光球飞行高度约有 20 米，速度很快，时间只有 2 秒就飞过去了。地上的沙子被风卷起，狂风把我吹到桌子上，我昏了过去。等我醒来时发现，房子屋顶吹跑了，碎玻璃撒了我一身，但我没有受伤。我们的三个小姑娘吓得抱成一团直发抖。后来我还发现家里的电子钟坏了。

●6 栋 1 单元电工刘某：我听见风很大，起来看见一团强光从窗前闪过，后来又听见后面窗玻璃被风吹碎。电也停了。第二天我去检修变压器，但变压器是好的，17 时才通电。

●车辆厂子弟学校值班员李某：当晚我值班，2 时 55 分查完岗，到 3 时天空开始打雷、闪电，下了冰雹，并有很大一块的乌

云，云边有金黄色的光，从西向东移动。接着我看见篮球大小的火球从 7 栋和 8 栋之间飞向东面，高度略比房子高一点，颜色为红色带绿蓝，有微尾光，光很刺眼。风过 10 分钟后停电，8 栋后面倒了一棵直径 50 厘米的大树。第二天发现民工房顶的石棉瓦全被吹走了，3 区窗玻璃全震坏了。奇怪的是，操场上出现了卷曲的树叶围成的一个约 1.5 米的大圆圈，树叶的宽度和厚度约为 5 厘米。学校教学楼的白色水刷石墙面突然变成天蓝色，树叶的背面都偏向东北。

●林业厅花圃基地杨某：3 时 30 分，下小雨和冰雹，刮风，我听见咔咔的声音，房子在晃。我看见橘黄的光把窗户完全笼罩，时间约 20 秒。第二天我发现绝大部分花蕾被吹走，花枝和花叶大部分都在，塑料膜内竹竿飞走。

●冷水村砖厂陈某：我坐在床上听见像火车那样的巨响，看见电焊光那样的强光闪了几下。奇怪的是，门是往里开的，外面有风却拉不开门。有人住的房子石棉瓦没有揭，没有人住的全揭了，甚至在同一间房子里，有人住的一半瓦面未揭，没人住的另一半揭走了。还有就是这个"风"不伤人。再就是石棉瓦好像是飘着掉在地上，不像风吹摔在地上那样。

都溪林场事件引起科学界的高度重视，中国科学院等单位的专家学者专程赴现场考察。

　　1952 年的美国华盛顿特区，有几艘飞跃国会大厦的 UFO 被拍摄下来了，这在全城都被注意到了

他们详细观察了林木折断的方位及断茬情况，并利用了现代化的先进仪器如卫星定位仪测定了被毁的具体位置及面积。对贵州车辆厂被破坏的重点地方及物件进行了时频、弱刺及 γ 射线的测试，对都溪林场实地进行了监测分析。

"先排除人为的假设，想象一下，几分钟的时间内人为是不能将大面积的松木截断和对厂房进行严重的破坏，同时将火车车厢移位的。"孙式立教授说。

当时有一部分人认为是龙卷风造成的。但龙卷风是冷暖空气交汇、温差急剧变化而形成的气柱，中间呈负压，吸力特强。如果是龙卷风，由于吸力强，将会有 70% 的树木（常规来讲）被连根拔起，但并未有这种现象出现，所以龙卷风的推测也是没有根据的。

"用 UFO 的现象来研究都溪林场事件有一定的科学意义，因为UFO现象并不是只作为孤立的现象而单独存在的。"孙式立教授说。

第五章 亲历者的讲述

　　面对各种各样的 UFO 传闻，人们往往觉得无所适从。形形色色的消息让人们难辨真假，本就神秘的星外来客，更加显得缥缈。

　　幸好，有人曾经真正亲眼看见过它们。要想知道不明飞行物究竟是什么样子，就请静下心来，细细倾听那些亲历者的讲述吧。

1. 天降残片

1990 年 6 月 23 日凌晨 3 时许，由于天气炎热，开封市还有不少市民在屋外乘凉。

突然，一道奇异的光线刺破了宁静的天空，人们看到，一个十多米长，看上去由许多发光球组成的长条形不明飞行物飞了过来。人们还没有从这种奇异的现象中回过神来，接着又听到了几声巨响。一切来得是如此的突然，以至于人们一下子惊呆了。

徐晓进目击了那晚的场景，当年他是开封市公安局午朝门派出所副所长。

"当时我在值班，因为天气比较热，大家都睡在二楼楼顶。凌晨，忽然对讲机发出刺耳的声音，我抬头一看，从天空西南方向向东北方向飞来一条橘红色的火龙，然后有掉落物体的声音，哗啦哗啦，我一翻身便跃了起来，立即召集同志们去找，想看看是什么东西掉了下来。"

郭彬是原午朝门派出所的巡防队员，6 月 23 晚，他和徐晓进一起见证了那块从天而降的不明物体。"前头是亮的，带着尾巴，最后往东北方向飞过去了，很宽很长。过去了以后，大约一两分钟，感觉天上在往下掉东西，像是飞机螺旋桨的声音，呜呜叫，可响了。"徐晓进和郭彬都意识到，一定有事发生。于是，他们急匆匆地沿着声音发出的方位找去，一路上问了好几户人家，都

说没有东西掉下来，后来，他们终于在午朝门前的砖桥街市民邢志祥家的院中找到了坠落物。

徐晓进说："从天空坠落的是一块金属残片，正好落在邢志祥家的院中。金属残片把他家一棵椿树的几根树枝砸断后，又砸到了他的自行车上，将左车把砸弯了，车大梁也被砸扁了。"

此事经媒体报道后，一时间引起了广泛的关注，UFO 爱好者震惊了。

中国 UFO 研究会秘书长王焕良说，近几十年来，全球发生了许多 UFO 事件，但开封上空出现的不明飞行物事件是中国近代 UFO 史上唯一一次既具有目击者人证又具有大块金属残片物证的 UFO 事件。

当时正在河南大学化学系读书的张卫民，从报纸上知道此事后非常兴奋，他决定，一定要把事情弄个水落石出。

张卫民来到开封，按照媒体提供的地址和姓名，骑着自行车走街串巷，逐个走访。最后，他整理出了一份 200 多页的目击报告。后来，张卫民赶到开封市公安局，拿到那块金属残片。

这块金属残片长 527 厘米，宽 80～116 厘米，边厚 5 厘米，中间有一道脊梁，厚 30 厘米，重约 3.5 千克。颜色为灰白色，没有金属光泽，看起来像石棉瓦，具有高强度和良好的韧性，虽然把自行车砸坏了，但它本身却没有变形。

这张照片是一位空军试飞员在美国加利福尼亚州的爱德华空军基地附近拍摄的。照片清晰地显示 UFO 正紧紧跟随一架 B-47喷气式飞机

为了弄清这块金属的"身份"，张卫民专程到开封机场请教了有关专家。修理飞机的机械师王福玉认为，该残片可能是航天器上的梁类材料，但由于当时并没有听到有关飞机坠毁的消息，因此他断定，这块金属残片绝对不是飞机上的东西。

张卫民又来到这块金属残片的坠落地——邢志祥家中。

据邢志祥的弟弟邢志君证实，金属残片一落地，他拿在手里感觉是凉的。几分钟后拿到金属残片的民警也证实，当时确实是凉的。这与常识中航天器高速坠入大气层时，由于摩擦产生的热量会使航天器表面产生 6000 摄氏度左右的高温形成了极大的反差。

更奇怪的是，邢志祥家被金属残片砸伤的椿树当时还枝繁叶茂，但到了当年年底却枯萎了，从此再也没有发芽。

2. 透明圆环

辽宁丹东有一位市民在三经街附近看到了一个 UFO，下面是他的讲述：

2001 年 9 月 1 日 17 时 30 分左右，我在三经街附近行走，看见路人皆翘首驻足望向西北方，只见那片天区有一个发着亮光的物体，亮度大概与人们晚上看到的行星差不多。可那时天并未黑，尚是白天，那发光体却有如此亮度，估计它起码在 −2 等以上。随即，我拿出自己的 25 倍双筒手持望远镜，进行了约一个小时的观测。

透过目镜，我惊喜地发现，自己居然可以分辨出它的表面积！并且我看到了许多惊人的细节，肉眼中那个耀眼的亮点在望远镜中变成了一个透明的圆环，环的左下角和右上角各有两个发光亮点，而尤以左下角那个点表面积为最大，发出的光芒也最为耀眼。打个比喻，整个圆环就好像一个斜放的戒指，而左下角的亮点酷似戒指上的钻石。而经过一段时间的观察，我发现这个圆环的中间部分虽然是蓝色的天空，却隐约可见些许白色光芒。这也就是说，中间部分也是不明物体，但是透明的！这又给我另一种印象，这是一只遨游在天空中的透明的"水母"。

1951 年 11 月，美国加利福尼亚州，摄影新手盖伊·马坤德在河边的一条山路上拍摄了这张图片。他声称在天际出现的这个东西是"飞碟"

以上是这个 UFO 的基本形状，接下来虽发生了一些变化，但也以此为主。事实上，这个形状在 18 时 20 分左右发生了一些变化，它变成了两个相交的半径不同的"圆"，两圆公共部分依然发出耀眼的光芒，亦如原先的"钻石"，而右上角的亮点也没有什么变化，这时若用肉眼去看，就仿佛是一对双星，这种状态没有维持多长时间，随后又变成了原先的"戒指"。在这个过程中，UFO 曾一度大幅下降自身高度（当然，这种下降肉眼是看不出来的，我是通过望远镜观察到的）。在 18 时 37 分，UFO 形状发生第二次改变，看似变成了两个内切的圆，小圆轮廓依稀可见，原先的"钻石"成了大圆圆心，唯独不变的，是右上角那个亮点，无论位置、形状、亮度，都与一开始时保持一致。随后，小圆轮廓开始模糊起来，仿佛都分散到大圆的左下部，这时给人的整体印象是一个同心圆，圆心是那个"钻石"，还剩右上角的亮点。在 18 时 51 分，随着夜幕的降临，UFO 自身的光芒已逐渐黯淡，用望远镜看去，中间充当圆心的"钻石"已融入整个圆环，而右上角的亮眼也不知什么时候消失不见了。整个 UFO 成了一个名副其实的圆环，毫无亮度可言（据此，我判断此 UFO 应是靠反射太阳光才被人们发现的，自身并不发光）。其时，此 UFO 亮度应已降到 3 等或 4 等，如用肉眼观察，竟与满天繁星无异。由于光线实在太黯淡，我已无法看出圆环空心部分究竟是不是透明体。此时在 UFO 的正下方处恰好出现一颗恒星，也在望远镜视野之内，我便以此作为参照物。大概有 10 分钟左右，圆

环移到了恒星左下方，移动时很缓慢，肉眼看不出来，但速度恒定，方向明显（向西南），极有规律。观测过程中，UFO 曾有几次出现剧烈摆动。在 19 时左右，圆环已变得很模糊，肉眼几乎无法发现（亮度 5 等左右），在望远镜中也与其他恒星无异，甚至光芒更弱于其他恒星，已成模糊一团。

整个观测过程持续了一个多小时，粗略估计，UFO 移动了近 1/3 天区。那么它究竟是不是飞碟呢？凭我多年的经验，首先排除的是飞机，因无论从形状还是移动速度上，都与飞机大相径庭，且此 UFO 在整个移动过程中没有发出一丁点声响。有趣的是，在观测过程中，也听到了飞机的轰鸣声，大概是一架民航飞机，不一会儿便消失，权且做个比较罢。其次，所谓的流星、彗星也与其相去甚远，起码不会在白天出现，且那么亮，持续时间那么长，所以可排除以上假设。再有就是人造卫星了，可我见过的人造卫星都是十几秒或数十秒就划过整个天区，哪有在天上慢行几个小时的。此外，如果真是人造卫星的话，那么用望远镜是断然分辨不出那么小的表面积的，此说法也可排除。最不容易排除的假设就是探空气球了。因为这是我唯一没有见过的东西，无法比较。且那 UFO 圆环状的外形十分近似"球"形，倒有可能真是探空气球，可它在一个多小时内移动很缓慢，方向性很强，不像随风飘动的样子。另据最新消息，辽宁省海城市也有人报告说发现了 UFO，可见其移动了很长一段距离，所以我不相信是气球，主观上我还是倾向于是飞碟。

3. 庞然大物

2008 年 1 月 8 日傍晚 6 时 15 分,美国得克萨斯州斯蒂芬维尔市赛尔登地区居民斯蒂芬·艾伦、迈克·奥登和兰斯·琼斯等人外出散步时,震惊地看到在 1000 多米的高空中,出现了一个无法解释的庞大不明飞行物。

这个不明飞行物浑身发着明亮而闪烁的白光,光芒大约有 1600 米长、805 米宽,并正以每小时 4828 千米的惊人速度快速移动着。这一罕见的奇景将艾伦等人看得目瞪口呆。

由于光芒移动的速度实在太快,所以他们根本无法看清它到底是什么东西。艾伦说:"我们全都惊呆了,不明白那是什么东西。我当时心想:老天,它到底是什么玩意? 世界末日要来临吗?"

艾伦称,他们看到的光芒绝非普通飞机发出的光,它们也不是闪光灯的光芒,因为这些光芒还能不断改变形状,从水平线的光变成了两组垂直线的光。艾伦说: "两秒钟后,它就彻底消失了。"

就在艾伦和朋友目瞪口呆、不明白看到的到底是什么东西时,大约 10 分钟后,那个不明飞行物又再次出现在了天空中,同时艾伦等人还看到了两架美军战斗机在空中对不明飞行物进行追踪。

另一名目击者迈克·奥登说："这真是一个离奇的经验，我无法解释看到的一切。它绝对不是某种自然的东西，因为它的移动速度实在太快了。"

目击者兰斯·琼斯说："它非常灵巧，我以前从来没有看到过这种东西，不过我没有受惊吓，因为我猜它可能是军方研制的东西。"

除了艾伦和他的几名朋友外，斯蒂芬维尔市至少还有数十人也都亲眼目睹了这个神秘的不明飞行物，其中包括县警官和公司老板。

另一名目击者、当地机械师里基·索勒斯称，当他告诉朋友在自己家后面的牧场上空看到一个硕大而扁平的金属飞行物时，朋友们都拿他开玩笑，认为是他的脑袋产生了幻觉。索勒斯说："直到我从报纸上看到其他人的目击报告时，我才松了一口气，因为这意味着我并没有发疯。"

索勒斯称，他已经好几次见到这个不明飞行物了，他曾通过自己莱福枪上的远视镜头观察它，结果发现它不仅异常庞大，并且金属躯体上没有任何接缝、螺钉和螺帽。

4. 飘动的"渔网"

在《飞碟探索》杂志 2001 年第 6 期上，刊有王永宽的一篇文章《亲历不明飞行物》，记录了一起 UFO 的亲历事件。

下面是亲历者的讲述：

每次休假我都去父母那里。他们住在奥德萨往北 26 千米处的一个叫波里耶沃的小镇。在那里不仅可以很好地休息，还能有规律地观察到这个地区的不明飞行物现象。

什么使外星人会对哈德仁别耶夫湖附近的这个地区产生兴趣，对于当地人来说至今还是个谜。他们经常开玩笑说："外星人想在我们的海滨浴场建立它们自己的宇航基地。"

玩笑归玩笑，1989～1990 年，波里耶沃似乎真的成了观赏不明飞行物的场地了。包括常见的雪茄状、球状、碟状的各种各样的不明飞行物，即使是在白天也常常大模大样地出现在小镇上空。有一次，我的母亲和邻居家的小女孩还见到两个雪茄形飞行物追逐一架准备在奥德萨机场降落的客机。在持续了几分钟的追逐事件中，不明飞行物就像是在为飞机上的乘客表演或者说是炫耀自己的先进技术。

以前我一直怀疑飞碟的存在。只是在几次亲眼见到这种物体之后，怀疑才最终消除了。它们与报纸和杂志上介绍的完全不一样，有一次我目睹了一个带有半圆突起的圆形物体，有点儿像

"鸭舌帽"。在"帽舌"的位置上有三个闪光的小灯，而中部是发光的座舱。在目击过程中，"鸭舌帽"由南向北的飞行轨迹很平稳，就像常说的那样，完全不受地球引力的影响。在它飞行的高度上，飞机只能向相反的方向飞，也就是飞往奥德萨机场，而向北飞行的飞机，高度将是这个高度的 10 倍。

在最近一次去南方之前的几年里，我没有再见过什么特别的不明飞行物。为了能更好地观察那些奇怪的物体，我买了放大率在 20～50 倍的双筒望远镜。遗憾的是我总是不能顺利地通过望远镜捕捉到它们。并不是因为飞碟没有出现，正相反，所有现象都如往常一样发生，只是它们的速度太快了。起初，我原本以为在远处的是一些星星，谁知它们却以飞行器的形式且绝对是毫无声息地在夜空中飞驰而过。极快的速度甚至使我来不及清楚地分辨究竟是平行四边形还是菱形。

一个晴朗的夜晚，当时针指向 1 时 40 分的时候，从奥德萨方向缓慢出现了一个奇怪的星座。如果不是因为它的移动与星空的背景有区别，根本无法引起我的注意。在 15 秒至 20 秒的时间里，我目不转睛地盯着它。它像是一张巨大的渔网飘移过来。只不过菱形的网眼有些夸张地大，在线的交叉点有一些发光的亮点。"渔网"本身则不停地晃动着，如同展开的旗帜。我突然感到一阵不安！在很多目击不明飞行物的记录中，正是一种网状的飞行体有时会袭击目击者，并且常常在人的皮肤上留下网格形的灼伤痕迹。

　　幸好从我站的位置到父母的房子只有几米远,一瞬间我已经跑进房中,"呼"地一声把门关上了。就这样很安静地过了几分钟,什么事情也没有发生。当我最终从恐惧中恢复过来后,想起了挂在胸前的手电筒和望远镜。我靠近走廊的窗户向外望去,在气流中摇晃的那张"网"看起来没有什么变化,仍然向北移动。大大的网眼仿佛向窗户压了下来,即使不用望远镜也可以看得很清楚。原来在交叉点处的小亮点,因为距离近了,这时已经显得大了许多,能够看出它们是一些类似灯的发光体。当我认为这个不知来自何处的神秘物体并没有敌意时,好奇渐渐替代了恐惧,我决定走出去。也就在这个时候,这张巨大的"渔网"开始消失,不知是溶解在空气中了,还是去了什么地方。为了解释这些发生在波里耶沃的现象,我在剩余的几天里拜访了机械化工程师,52 岁的瓦西里。

　　"我第一次遇到飞碟是在 10 年前,"他讲述到,"当时我们正在聚会,忽然一束白光从空中射向我们。因为是夜里,所以这束光让人感到特别耀眼。我们本能地向上望去,那里有一个很大的带有圆形发光舷窗的圆盘。光线来自它底部中央的某个地方。这时有人喊到:'伙计们,我们跑吧,否则会遭到轰炸的。'话音一落,所有人都向四周跑开了。事后发现,谁也没有跑远,差不多都跑出 100 米后就脸向下扑到了地上。但是,每个人都安然无恙。我记得,大约过了 15 分钟,当我再次向天空中望去时,那里只有一些星星在闪烁。"

在日本拍摄的大量的 UFO 照片之一。这张是 1958 年在日本港口贝冢市拍摄到的不明飞行物

"去年的一个傍晚，我第一次看见了一个着陆的红色大火球，那时它正升往空中，然后就以极快的速度飞出了视线。我把车开到那里，在草地上发现了已经被烧焦的直径 20 米左右的圆形。我没有多停留，回到家后，我立刻把发生的事情告诉了妻子。当她听到我曾在烧焦的草地上走过时，喊叫了起来：'你简直是个傻瓜，难道你什么也不知道吗？这样的地方是会有辐射的！如果你死了，我是不会管你的。'"

"在第一周，由于害怕，我的手有些颤抖，但还是能写字的。就在 3 个月前，我还见到了飞碟降落过的地点。至今我都尽量不让自己路过那个地方，甚至不向那个方向看。不久前，我的妻子还一直在读有关不明飞行物着陆点辐射情况的文章。现在，我感觉一切都还算好。"

瓦西里点燃一支烟，深深地吸了几口，接着说："我忽然明白了，这些所谓的外星生物实际上就是一些令人厌恶的家伙。在俄罗斯西部，一些人想把钱付给乌克兰人，以便得到允许在他们的土地上处理掉自己的放射性废料，而现在这些不为人们所承认的外来者，却利用他们先进技术中致命的物质污染了我们的土地，还用绿色的光线照射人，使他们受到沾染。"

"不用担心，您不是每天晚上都在接受治疗吗？"

"是的，他们在尝试。有一个装置就安放在我的房间里，也许是它起了作用。"

返回莫斯科后，我在一些专门从事这方面研究工作的学者那里做了调查，希望能得到些什么，结果令我很吃惊，有些事情简直是不可思议。无论怎样，我还是把它写出来了。

呈六面体形状的飞行器与其他常见的不明飞行物基本上是一个类型的，是直接受到操纵的飞船。而"渔网"完全是另一种物质的体现，相当于一种能量存储器。这类总是对地质断层产生兴趣的不明物体很久以前就被注意到了。新的观点是在土耳其发生地震后出现的，那场地震使许多人丧生，土耳其正是处在这样的断层上。地壳的运动会向近地空间释放出极大的能量，而人类很久以来都竭力寻找控制这种能量的方法。一些科学家认为，操纵不明飞行物体的生物与所有处在高级生命形式的生物一样，已经掌握了通过这种免费的能量补充自己的方法。

由于这种不明飞行物突然出现和突然消失的现象，看来我们不得不接受一个事实：来自平行世界的飞行器上存在着一种专用设备，利用这种特别的装置，这些外来者可以在他们喜欢的位置上把空间打开一个洞，也就是高度发展的地外文明利用空间中普遍存在的"隧道效应"来实现两个世界或者两个空间的穿越，就像高速直达公路。

而那些以菱形为基础的多角飞行器则是来自我们行星的第三个平行世界，我们称之为"伊新狄"。飞船的乘员是 17 个生物体机器人。它们的制造者和我们很相似，只是有另一种完美的细胞

结构和肌体动力，皮肤中含有更多的红色，平均身高 180 厘米，平均寿命是 375 年。但在我们的世界里，他们的身体会受到损坏——融化掉，好像冰处在暖和的天气里一样。"网"状飞行物属于另一个平行的文明。它的排序是 23，被研究者称为"弗尔索耐特"。弗尔索耐特人也和我们差不多，区别是他们浑身布满了鳞片，平均身高 190 厘米，寿命在 500～2500 年之间，这主要取决于社会的发展程度。弗尔索耐特人依靠能量生存，网状飞行器就是他们获得能量的一种装置。因为有的时候会威胁和损害其他文明的利益，所以他们的文明也是黑色的文明。

第六章　依旧持续的争论

UFO，是真实存在，还是一场谎言？那些离奇的传闻，究竟是否确有此事？

在缺乏具有绝对说服力的证据的情况下，关于上述问题的争论，将会永远持续下去。

1. 谁在阻止取证？

1897 年 4 月 17 日清晨，美国得克萨斯州奥罗拉镇郊区的沃斯城堡的上空，有人看到一个巨大的银色雪茄型物体飘在空中，然后撞上了普洛克特法官住宅的塔楼，随即发生了爆炸，残骸散落满地。

在残骸中，人们发现了一具身材瘦小、严重变形的生物躯体，当地的报纸称其绝非地球上的生物。后来，人们按照基督教的仪式，把它葬在了当地的墓地中，并将一块小石板放置在墓地上，以表明这里是飞艇上飞行员的墓地。

飞行器的残骸被扔到了一口井里。

两天之后，《达拉斯晨报》报道了这一消息。

事发后，许多奥罗拉镇的居民匆忙赶往普洛克特法官家的农场，希望能施以援手。然而，眼前的景象让他们感到非常震惊。据《达拉斯晨报》报道说，飞行器里有一个不明物体，说得确切一点，是有一具不明的尸体。

这具遗体已经严重变形，从特征来看，他不是地球上的生物。当地的美国陆军通信官，同时也是天文学专家的威姆斯先生发表了自己的意见：飞艇上的飞行员是来自火星的居民。

奥罗拉镇坠毁事件被报道之后不久，目击事件就再也没发生过。

这是 1958 年 1 月 16 日在巴西特林达德岛拍下的照片。不过这却被广泛认为是一场恶作剧，尽管现在我们已经做出了这是 UFO 的结论

地球上的不明飞行物

许多人产生了疑问：这些目击是否都是真实的？会不会是镇上居民制造出的一个大骗局？

1973年，"国际UFO组织"的创始人海登·海威斯来到奥罗拉镇，他决定揭开事情的真相。

奥罗拉镇是一个不大的镇，居民也不多。海威斯受到了奥罗拉镇居民的接待，但他们并没有兴趣解开飞艇的谜团。

海威斯和其他一些UFO的研究者，在奥罗拉镇搜集了有关飞艇坠毁事件的第一手资料。但对目击者的调查结果却不太理想，因为他们现在都已经80多岁了，当年的记忆已经模糊不清。

据首批采访当地居民的UFO研究者吉姆·马尔斯回忆，1973年，他采访了当时还健在的三位当地居民，其中一位叫罗比·汉森，她说那不过是个骗局，但据她自己所言，她不是直接目击者，并不直接了解那一事件。她的父亲听到这件事的时候，放声大笑，认为那不过是个骗局。

此后，马尔斯又找到另外两名目击者，他们驳斥了罗比·汉森的论断。

首先是马莉·伊万斯，她记得当时确实有什么物体坠毁了，她的父母跑到现场去看残骸，但没有让她去。

另一名目击者查理·史蒂文斯当时只有10岁，事发时他正在外面干活，看见了有个东西飞过天空，尾部冒着烟，这个物体消失在奥罗拉镇的方向，此后，传来了爆炸声，并有浓烟升起。他的父亲第二天到镇上去了，回来后，告诉他坠落的残骸散落了一地。

　　这张照片是一位不知名的摄影师 1975 年 3 月 18 日在瑞士拍摄的

除了目击者们的叙述，研究人员还找到了一个人，他就是奥罗拉镇的居民布罗雷·欧茨。

他大概是 1945 年搬到飞艇坠毁地点的。搬到那里之后，他让人将水井进行了清洗，因为那里塞满了金属物质及碎片。欧茨认为，他们全家喝了 12 年那口井的井水，严重影响了他们的健康状况。因为他的手上出现了一些非常严重的关节炎症状。

欧茨告诉大家，这是因为人们将奥罗拉镇飞艇的碎片扔到了井里，从而产生了辐射。据说，坠毁现场大量的金属碎片被拉走了，剩余的被扔到了井里。

找到那口水井很容易。然而，由于后来布罗雷·欧茨将水井盖上了一块厚重的水泥块，当地居民不允许调查者们去移开它，这也意味着将解开有关谜团的关键证据封在了里面。

尝试失败后，研究者将重点转移到普洛克特法官的住宅边，他们希望在那里找到飞艇坠毁的残骸。

他们围着房子转来转去，这时，仪器探测到一种声音，他们发现了一块奇怪的金属。

据 UFO 研究者约翰·舒斯勒回忆，在 1973 年，他将该物体送到一所用来测定飞行器或航天器部件故障模式的宇航实验室进行分析，并测定了其特性。

分析结果表明，该物体埋在这一地域已经很长时间了。当切入金属内部时，人们发现它是由 95% 的纯铝和 5% 的铁组成的。在铝中溶解 5% 的铁是绝对不可能的，两者不会以这种方式结合。

通常情况下，这种现象的发生几率不到1%。而且当有铁的时候，一般都会有锌或其他杂质金属。但该物体却没有。

舒斯勒还通过得克萨斯州休斯敦的那斯塔斯实验室进行测试，得到了同样的结果。

受此启发，舒斯勒让这两个实验室继续对金属样本进行测试，以进一步测定其确切的来源地。

约翰·舒斯勒认为，1973年发现并经过分析的那一物质，在当时不可能是在那片农场或奥罗拉镇，也不是在其周围的任何地方制造的，它只能是在一个十分精密的实验室里，运用超纯的提炼技术制造出来的。

难道，这真的是外星飞艇的残片吗？

另据堪萨斯州立大学物理教授汤姆·格雷博士回忆，有一天，有人敲开他的房门，一位男士手里拿着一块东西走了进来，那人说这个东西是在报道所称的1897年飞艇坠落现场找到的。

格雷博士立刻开始对该物体进行测试，发现这块金属主要成分为铁。当他将这块金属置于其他金属和磁体前，它却并没有对磁体产生任何反应。

这是怎么回事呢？

困惑的格雷博士打电话向冶金学家请教，希望解开心中的疑问。

利用金属的磁性或者非磁性，人们可以制出一些合金，比如说铁铝合金，铁是带磁性的，铝是不带磁性的。在不同的温度

下，它们会产生一些化学反应，就会有带磁性，也会有去磁性，所以它就可以既成为带磁性的铁铝合金，也可以成为无磁性的铁铝合金。这两种铁铝合金在自然界都有。

找到答案的格雷博士，在校报上公布了自己的调查结论。

第二天，当文章在校报上发表的时候，标题却变成了《物理学家在奥罗拉镇飞艇坠落地点发现无磁性的铁块》。文章对于铁铝合金为什么没有磁性、这种金属在自然界广泛分布的事实却只字未提。

格雷博士的发现成果，以及奥罗拉镇飞艇的碎片，都成为传闻的一部分。

从坠毁现场搜集到所有能找到的证据之后，调查人员开始将调查重点转向奥罗拉镇的墓地。当时的记载说飞艇爆炸时，遗留下一具已严重变形的尸体。人们把这具尸体按基督教的仪式埋在当地的墓地。

在一棵有百年树龄的古树下，调查人员找到了一块小石板，上面似乎刻画有一艘飞艇。

调查人员来到这块石头所标记的墓穴时，他们的金属探测器上发出了与他们先前从坠毁现场挖出金属碎片时一样的声音，而且分贝数也一样。

于是，他们向奥罗拉镇墓地委员会的每位成员都发出了申请书，请求获准挖掘墓内的遗体。

可是，墓地委员会强烈反对这一申请，而且他们也获得了禁

止挖掘墓地的法令。就在调查者们企图探访墓地的那一天，墓地委员会就要求警长派人看护，警长同意了，这令 UFO 调查人员们十分失望。

两星期之后，警方的巡逻看护任务结束了。调查者们得到许可返回墓地后，那个标志性的小石板不见了。并且，有人将一段 20 多厘米的管子插入了墓地的土中，挖走了金属碎片。

2005 年，海登·海威斯再次来到了奥罗拉镇。

镇上过去曾有 3000 多名居民，现在只有 400 多名了。城镇的规模缩小了，但围绕着小镇神秘飞艇事件的争论却众说纷纭。镇上的居民分成两派，一派相信，一派怀疑。

由于原先那块石板标记已经在 1973 年被人偷走了，1976 年，镇上的居民在被认为是埋葬外星人遗骸的墓穴旁竖起了一块牌子。而在当年飞艇坠毁的地点，普洛克特法官家旁的水井早已被水泥封住了，上面盖了一座小屋，前面还竖起了围栏。为了调查，海登·海威斯曾多次申请进入这片区域，但都未得到回复。

关于奥罗拉镇事件的真相，最终能否让世人知晓呢？

2. 是什么造成了大爆炸？

1908 年 6 月 30 日早上 7 点左右，俄罗斯帝国西伯利亚森林，通古斯河畔。

居住在当地的人们突然发现，一个巨大的火球划过天空，其亮度和太阳相若。数分钟后，一道强光照亮了整个天空。随着一声震天巨响，巨大的蕈状云腾空而起，瞬间，人们便感到气温灼热烤人。爆炸中心区草木烧焦，70 千米外的人也被严重灼伤，还有的人被巨大的声响震聋了耳朵。稍后的冲击波将附近 650 千米内的窗户玻璃震碎。

爆炸不仅使附近的居民惊恐万状，而且还涉及其他国家。英国伦敦的许多电灯骤然熄灭，一片黑暗；欧洲许多国家的人们在夜空中看到了白昼般的闪光；甚至远在大洋彼岸的美国，人们也感觉到大地在抖动。

这次爆炸被横跨欧亚大陆的地震站所记录，其所造成的气压不稳定甚至被当时英国刚发明的气压自动记录仪所侦测。

接下来几个星期，东至勒拿河，西至爱尔兰，南至塔什干、波尔多（法国）一线的北半球广大地区连续出现了白夜现象。欧洲和俄国西部的夜空有如白昼，亮到晚上读书不必开灯。在美国，史密松天文物理台（Smithsonian Astrophysical Observatory）和威尔逊山天文台（Mount Wilson Observatory）观察到大气的透

明度有降低的现象至少数个月。

后来，伊尔库茨克地震站测定此次爆炸当量相当于 1000 万至 1500 万吨 TNT 炸药。

十月革命后，苏维埃政权于 1921 年派物理学家库利克率领考察队前往通古斯地区考察。他们宣称，爆炸是由一次巨大的陨星造成的。但是，他们却始终没有找到陨星坠落的深坑，也没有找到陨石，只发现了几十个平底浅坑。因此，"陨星说"只是当时的一种推测，缺乏证据。

图为契科湖，该湖被认为是由通古斯大爆炸溅起的陨石碎块撞击形成的

后来，库利克又两次率队前往通古斯考察，并进行了空中勘测，发现爆炸所造成的破坏面积达 2 万多平方千米。

二战以后，前苏联物理学家卡萨耶夫访问日本，1945 年 12 月，他到达广岛，4 个月前美国在这里投下了原子弹。看着广岛

的废墟，卡萨耶夫顿然想起了通古斯，两者显然有着众多的相似之处：

爆炸中心都受到了破坏，树木直立却没有倒下。

爆炸中都有人畜因为核辐射和烧伤而死亡。

爆炸中都产生了相同形状的蘑菇云，只是通古斯的看上去更大。

特别是在通古斯拍到的那些枯树林立、枝干烧焦的照片，看上去与广岛上的情形十分相似。

图为通古斯大爆炸后的森林

由此，卡萨耶夫产生了一个大胆的想法，他认为通古斯大爆炸是一艘外星人驾驶的核动力宇宙飞船，在降落过程中发生故障而引起的一场核爆炸。

此论一出，立即在前苏联科学界引起了强烈反应。支持者和反对者不乏其人。索罗托夫等人进一步推测该飞船来到这一地区是为了前往贝加尔湖取得淡水。还有人指出，通古斯地区的驯鹿所得的癫皮病与美国 1945 年在新墨西哥进行核测验后当地牛群因受到辐射引起的皮肤病十分近似；而通古斯地区树木生长加快，植物和昆虫出现遗传性变异等情况，也与美国在太平洋岛屿进行核试验后的情况相同。

20 世纪五六十年代，前苏联科学院多次派出考察队前往通古斯地区考察，认为是核爆炸的人和坚持"陨星说"的人都声称考察找到了对自己有利的证据，双方谁也说服不了谁。对于没有找到中心陨星坑的情况，有人认为坠落的是一颗彗星，因此只能产生尘爆，而无法造成中心陨星坑。

1966 年，调查团的普雷卡诺夫和古雪诺夫两位博士发表了令人震惊的调查报告：爆炸之后，该地的落叶松和桦木都出现了异常的生长状况，年轮的宽度在爆炸前约 0.4 至 2 毫米，爆炸后却变成 5 至 10 毫米，而且从烧焦的树片中检查出有放射性同位素铯 137。

明斯克大学教授法希利亚夫博士认为："迄今为止，此地区已发生了相当深刻的遗传变化，不仅表现在植物上，而且表现在小昆虫上。该地区出现了世界其他地方几乎找不到的各种蜜蜂和昆虫。此外，一些树木和植物停止生长，而另一些树木和植物则以几倍的比率生长，有些甚至比 1908 年以前的树木和植物生长

速度快几百倍。"

经过深入考察和研究，法希利亚夫博士于 1960 年宣称："情况表明，这里，尤其是爆炸中心曾出现了一场全面的电磁紊乱，表明此地区遭到了一场巨大的电磁飓风，摧毁了一切。"

另外，苏俄物理学家索若托夫等人也表示，这次爆炸是由拥有广岛型原子弹 2000 倍以上威力的核子爆炸所引起的。飞机设计师莫那兹可夫经过计算，发现爆炸瞬间物体的秒速是 700 米至 1000 米左右。如果说某个天体以这种速度下坠的话，那就太慢了。

据当地游牧民族埃文基族人回忆，通古斯爆炸形成的冲击波将房子和动物掀向空中

此外，根据目击者的证词和地震器的记录，以及森林的破坏程度来看，这个爆炸物体在进入大气层后曾数次改变行进路线。能够改变速度和行进方向，而且引起 1000 万吨级原子核分裂的

不明飞行物体，绝不可能是陨石或彗星。

难道真的是某种高等生物所驾驶的飞船在西伯利亚上空发生了爆炸？

前苏联克拉斯诺亚尔斯克宇宙博物馆馆长、"通古斯宇宙现象"基金会主席尤里拉夫宾从宇宙发回的照片中发现这一地区有异常现象，似乎有某种东西坠落此地。经过反复考察，他在一个小土丘上意外地发现了"硅化铁"。这一发现不仅令拉夫宾兴奋不已，整个学术界都为之轰动。

"硅化铁"在自然界中根本无法自然形成。更令人不可思议的是，拉夫宾找到的"硅化铁"中还含有氖、氙、氩三种气体。这样的物质成分组合根本不可能在地球环境下形成。

在这些像鹅卵石一样的"硅化铁"上，刻有整齐的图案，看上去如同象形文字。拉夫宾认为，这些图案不可能自然形成，而是"手工"制品。拉夫宾等科学家在实验中发现，即便是最强大的激光仪器也只能在"硅化铁"上留下轻微痕迹，象形文字自然不会是人类的祖先画上去的。因此，这些"硅化铁"毫无疑问是外星飞碟的残片。

拉夫宾认为，"象形文字"也许仅仅是一个漂亮的外表，这种硅晶体里面很可能隐藏着巨大的信息。或许，这就是外星飞碟的"黑匣子"残片。拉夫宾说，他们找到两块一模一样的"硅化铁"，而这两块物体发现的地点相隔70多千米，距通古斯爆炸中心250千米。

　　1973 年，一些美国科学家对此提出了新见解，他们认为爆炸是宇宙黑洞造成的。某个小型黑洞运行在冰岛和纽芬兰之间的太平洋上空时，引发了这场爆炸。但是关于黑洞的性质、特点，人们所知甚少，"小型黑洞"是否存在尚是疑问。因此，这种见解也还缺少足够的证据。直到今天，通古斯大爆炸之谜仍未解开。

3. 这真是一场闹剧吗？

1947 年 7 月 4 日，一个雷雨夜，49 岁的农场主麦克·布雷泽尔听到了一声巨响。第二天，他来到距离罗斯威尔西北部约 120 千米处的福斯特牧场，发现那里散布着大约 400 平方米范围的金属碎片。他断定，这种特殊的金属自己从来没有见过。

两天后，他将金属碎片转交给美国空军基地。

1947 年 7 月 8 日，在《罗斯威尔每日纪事》的头条新闻里，引用了罗斯威尔陆军航空部队基地负责公共关系的军官的话：基地的杰西·马瑟尔少校从一位牧羊场工人手里得到了一个"飞碟"，并把它送往空军第 8 军的总部。

这则消息马上引起各界的好奇，然而，6 个小时之后，空军第 8 军总司令罗杰·雷梅发表的声明彻底推翻了马瑟尔少校之前的说法。他说，马瑟尔少校得到的并不是飞碟，而是一个气象气球的残骸。7 月 9 日，另一篇报道则说农场主布雷泽尔既没有看到"飞碟"也没有听到爆炸声。

军方前后矛盾的说法，使人们不禁怀疑其中另有隐情。

在"罗斯威尔事件"过去 31 年之后，1978 年，美国以猎奇闻名的报刊《全国探究者》刊登了一篇报道说，当年曾亲身经历过"罗斯威尔事件"的证人、已退役的杰西·马瑟尔少校声称：他于 1947 年在罗斯威尔附近亲眼看见的并不是气球的残骸，而

是飞碟。

马瑟尔当时是美军 509 轰炸组的情报人员，509 轰炸组是世界上唯一的原子弹投掷部队，马瑟尔的工作是调查飞机失事或者其他类似的事件，所以 1947 年，杰西·马瑟尔奉命来到福斯特牧场调查麦克·布雷泽尔的发现。

马瑟尔少校的证明使有关这次事件的内容越来越丰富，说法越来越离奇，甚至有很多人称亲眼目睹了军方在野外搬运"外星人的尸体"。

1989 年，作为间接目击者的格棱·丹尼斯，向人们回忆了1947 年他在罗斯威尔的亲身经历。

1947 年，22 岁的丹尼斯在罗斯威尔的一家殡仪馆做殡葬师，7 月 7 日这天，丹尼斯接到了两个电话，都是罗斯威尔陆军航空基地打来的。

一个电话是询问儿童款式的棺材是否有货和如何保存残缺的尸体。而当时丹尼斯工作的这家殡仪馆还同时提供一些救护服务，所以稍后他又接到电话要他开着救护车去罗斯威尔一个交通事故的现场帮忙，受伤者是一位"空军军士"，丹尼斯将他送到了基地的医院。

当丹尼斯走进医院，遇到了一位他认识的名叫马里亚·塞尔夫的护士，告诉他留在这里会有麻烦，要他赶快离开；他还见到了一位跟他关系很好的儿科医生也在那里，但没跟他说话。丹尼斯问一位白人军官是否发生了空难事故，这位军官命令两位宪兵

将他带出医院，一位黑人中士还警告他不准说出在医院里看到的情景。

第二天，丹尼斯打电话约塞尔夫护士当天下午在基地的军官俱乐部见面。见面时，塞尔夫看上去心事重重，最后她歇斯底里地告诉丹尼斯，她被强迫参与了外星人的解剖，她还说尸体最后全部被运去了俄亥俄州的怀特基地。

这次会面之后，丹尼斯再也没有见到塞尔夫护士，他被告知塞尔夫在当天下午或第二天被调走了……

几年后，丹尼斯遇到了他在医院碰见的那位儿科医生，这位儿科医生已经退役，在新墨西哥的法明顿行医，他们讨论了在罗斯威尔发生的事故，儿科医生只简单地告诉他，他被请去会诊，但完全超出其专业范围。

对苦于寻找证据的飞碟爱好者来说，丹尼斯的证词无疑是一剂强心针，根据证词他们做出了一系列推断……

然而，没过多久，研究者在丹尼斯证词的细节中发现了诸多疑点。

经过调查发现，在美国军队的全部记录中找不到有一个陆军军人名叫塞尔夫。同样，军方的调动记录表明在 1947 年 7 月 8 日或 9 日，并没有护士或任何工作人员被调离罗斯威尔基地医院，也没有人因飞机失事遇难。

　　1974年11月17日早晨，劳尔森带着他的爱犬在丹麦日德兰半岛散步，突然看到一团白云里裹着一个外形奇特的物体。他在距离这个物体大约250到300米远的地方时拍下了这张照片

直到上世纪 90 年代，美国空军才发现了新线索，有一位名叫范顿的护士曾在罗斯威尔基地医院任职，其身材、长相和丹尼斯描述的塞尔夫护士极其相似。这个女护士倒是曾经失踪过，失踪的原因是去治病，所以离开了罗斯威尔。但这件事根本就不可能发生在 1947 年，因为那个女护士是在 50 年代才到罗斯威尔工作的。

　　另外，丹尼斯一直声称，他有此奇遇是因为那次救护任务，送一名受伤的空军军士去医院。但是，"空军军士"这一军衔是 1952 年 4 月 1 日才开始设立的。

　　同时，丹尼斯还称在医院受到了一个黑人士兵的警告，而这个黑人士兵跟随着一个白人军官。事实上，在 1947 年有一种种族政策，黑人士兵是不可能去跟随白人军官的，直到 1949 年以后，美国军队消除了种族隔离政策才有可能出现这种情况。

　　至此，"罗斯威尔事件"演变成了一场闹剧。

　　一直到 1993 年，美国空军才迫于各方压力开始对"罗斯威尔事件"展开调查。

　　1994 年 9 月 8 日，美国空军以负责内政安全和特别项目监理的部长理查·韦伯个人的名义，发表了题为《空军有关罗斯威尔事件的调查报告》。报告称："在本次调查中，没有发现任何证据可以表明，1947 年发生在罗斯威尔附近地区的事件，和任何一种地外文明有关。"

　　令人意想不到的是，这份报告虽然推翻了"飞碟"的说

法，但却首次透露了另一项与"罗斯威尔事件"有关的机密行动——"莫古尔"侦察计划。

"莫古尔"计划是美国在 1947 年六七月间进行的一项绝密的军事试验，目的是放飞一些携带着雷达反射板和声音感应器的气球，利用这些气球探测前苏联核子试验所产生的冲击波，以监视前苏联的核子试爆。

1947 年 6 月 4 日，肩负着神秘使命的多个探测气球，在阿拉莫戈多陆军航空兵基地以及怀特桑靶场悄悄地升上了天空。值得注意的是，在当时的资料里记录了这样一段文字："1947年 6 月，纽约大学的研究小组施放过一只代号'飞行器四号'的探空气球，事后没有进行回收。"

空军调查人员认为，正是那颗失踪的气球坠毁到了福斯特牧场上。

"莫古尔"计划中发射的探测气球是用氯丁橡胶制成的，有些探测器材外面包有锡箔，气球下方悬挂着一串酷似风筝的雷达靶标，便于美国军方追踪气球的位置。农场主布雷泽尔说，他发现的时候是一堆的锡箔、橡胶还有一些木棍。这些就应该是探测气球上的某些东西。

《空军有关罗斯威尔事件的调查报告》最后的结论是："所有可得到的资料，并没有涉及罗斯威尔事件本身，但是从罗斯威尔回收的残骸，极有可能来源于莫古尔计划所施放的气球。"为了使结论更加令人信服，美国军方在召开的记者招待会上展示了

实物，所谓"飞碟"的残骸显然并不是什么奇怪的东西。

至此，被人沸沸扬扬研究了近 50 年的"罗斯威尔飞碟事件"，似乎已经揭开了神秘面纱。

1995 年 7 月 29 日，美国众议员席夫在翻阅军方的档案后指出，有关 1947 年被认为有关 UFO 或外星人飞碟坠毁在罗斯威尔的神秘传说，其相关的重要档案已经在 40 多年前未获批准的情况下被销毁。很明显，军方企图否定事实。

根据国会审计局的报告，罗斯威尔基地行政当局自 1945 年 3 月至 1949 年 12 月的档案，均已销毁，仅剩下两份相关的文件，这是目前仅留的官方档案。军方无法解释是谁以及为何要销毁这些档案。席夫强调，被销毁的数据中，可能包括当时基地内的军官如何向其上级单位解释这起坠毁事件的来龙去脉。

虽然有几百人曾参与或可以提出证据证明罗斯威尔事件的真实性，但是由于官方资料已毁，政府当然不能承认这个事件的真实性。因此，五角大厦始终以"莫古儿计划"来掩饰"罗斯威尔事件"。

1995 年，英国飞碟研究会向世界各地的飞碟专家发出邀请函，声称英国飞碟学会将在 1995 年 8 月 19 日和 20 日两天，在雪菲尔市的哈兰大学举行第 8 届国际 UFO 大会。

邀请函发出后，立刻吸引了欧洲及美、日等多个国家的 600 多名代表前来参加，他们都被邀请函上注明的本次大会的重头戏吸引住了：英国飞碟研究会声称，在他们特别邀请的出席者中，

一位名叫雷山提利的英国商人将带来一部拍摄于 1947 年的纪录片，而纪录片的内容则是解剖坠落在罗斯威尔的外星人的尸体。

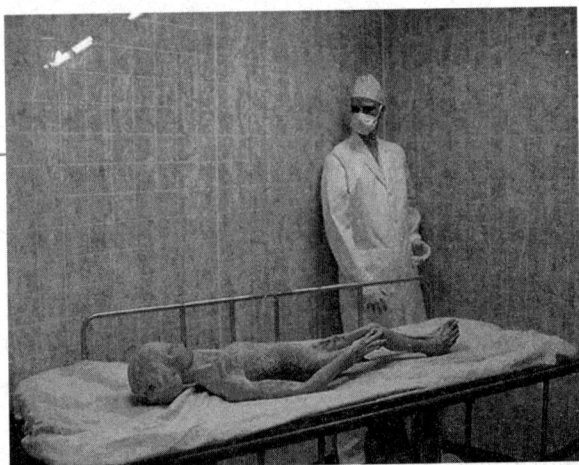

图为电影中解剖外星人的场景

雷山提利是英国莫林集团的总经理。1993 年，一个偶然的机会，他从一位曾经受雇于美国军方的退役摄影师手里，得到了一部有关罗斯威尔事件的真实影片。这位 80 高龄的摄影师对雷山提利说，1947 年，他奉命从华盛顿飞到罗斯威尔，拍摄了《罗斯威尔飞碟坠毁事件》的纪录片。这部影片有 14 卷，是 16 厘米黑白片，每卷约 7 分钟，全部长达 91 分钟，但是声道空白。

这部黑白纪录片的出现不仅在飞碟研究领域引起了轰动，甚至震惊了整个科学界。每个人都认为争议了 50 年的飞碟坠毁事件与解剖外星人之谜，将在上世纪末之前会真相大白。

然而，随着影片的播放，人们却对当中的许多细节产生了怀疑。

在罗斯威尔有军方的摄影师，而且是可以保守秘密的摄影师，为什么会去华盛顿再找一个人过来拍摄呢？

另外，美国当时尸体解剖都是用彩色电影来记录的，有声音，而这部电影则是无声的黑白片。同时，该片的摄影师技术很糟糕，根本达不到军方摄影师的水平。

英国飞碟研究协会曾经在大会上郑重宣告，因为无法确定影片的真实性，愿意进一步对其进行探讨，在大会上播放影片的目的，就是要让它接受检验。所以，在邀请雷山提利讲述他如何拥有这部影片的经历的同时，英国飞碟学会还邀请了各国的不同领域的专家对影片的细节进行分析。

而专家们的结论是，这部纪录片的真实性的确值得怀疑。

2006 年 4 月，全世界的媒体纷纷报道了一条惊人的消息：英国著名电视特技师哈姆·菲雷斯首次向媒体承认，"解剖外星人"影片正是他和另外几名同行炮制的，这部轰动一时的黑白纪录片，并非是 1947 年在美国新墨西哥州罗斯威尔附近的沙漠上拍摄的，而是 1995 年在北伦敦卡姆登地区的一座公寓中拍摄的，发行商雷山提利也是骗局制造者之一。

虽然，有关"罗斯威尔事件"的许多闹剧都已经终结，但是，它的真正面纱仍然没有被揭开，人们仍然在期待着事件的最终答案。

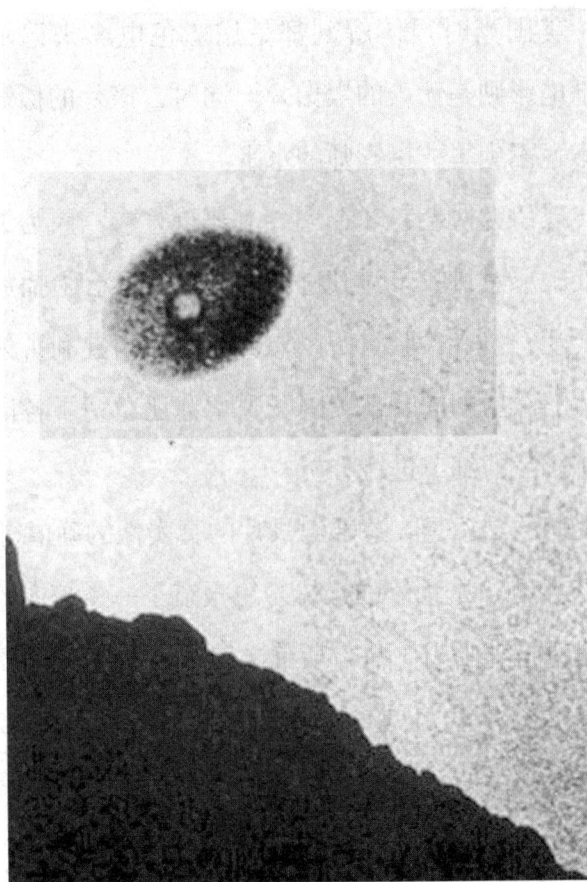

特雷弗·康斯特布尔于 1958 年 5 月 17 日在美国加利福尼亚州拍摄的图片。山脊上的飞行物在当时并不为摄影者所见到，直到照片冲洗出来以后才看到这个场景

2003 年 6 月，时隔 56 年之后，满满 11 箱的 "罗斯威尔文件" 终于获得了解密。

人们发现，在 11 箱 "罗斯威尔文件" 中，许多都是从报纸杂志上搜集来的飞碟剪报、旧书以及政府 UFO 报告，而这些大都是已经在几十年前就公开了的。

另外，人们还发现了许多关于 UFO 的老式大尺寸录像带，甚至还找到了那个所谓的 "气象球" 残片。许多 UFO 迷都声称，这些气象球残片是美国政府在事发后偷偷放在 UFO 坠毁现场的，用来替代飞碟残片。UFO 迷认为，那些飞碟残片后来全都被送去了一个秘密军事基地。

然后，在混乱不堪的 1 号箱子内，人们找到了一份逐天记录的日志文件，上面记载着基地每天的活动。本来人们希望能从这份日志中找到 UFO 残骸的相关信息，但翻阅完后人们失望地发现——在 1947 年 7 月根本没有发生过任何特别的事情，也没有迹象表明当时出现了紧急情况，记录中只字未提有消防员和急救人员被派往当地，而如果真的发生了飞行器坠毁之类事件的话，这些行动都是必不可少的。

多年以来，UFO 的研究者们都声称，那些曾参与过飞碟修复工作的人和官员都被 "转移" 到了其他基地，以便让他们保持沉默。从解密的文件来看，这倒是确有其事，但原因却和飞碟无关。

事情的真相是，"罗斯威尔事件" 发生的几个月之前，在一

次大规模的战后军事机构重组过程中，许多美军飞行员都被有系统地安排到了新成立的美国空军部队中。这些人并非被"转移"，仅仅是换了军服而已。

就这样，一个悬了 56 年的大秘密终于解开了。

尽管解密文件表明罗斯威尔当年很可能并无 UFO 光临，尽管重要证人丹尼斯也有撒谎嫌疑，但是，现在就为"罗斯威尔事件"盖棺定论还为时尚早。在有说服力的证据被发现之前，谁也不能给出最后的结论。

4. 火焰为什么不冒烟?

1964 年 4 月 24 日 17 时 45 分，美国新墨西哥州索科洛镇以南 85 号公路上，州警罗尼·萨莫拉正在追赶一辆超速逃逸汽车。当警车追到镇子尽头，眼看与逃逸的车辆只有百米之遥时，突然，伴随着一声巨响，西南上空出现大火。于是，萨莫拉只好放弃追踪超速车，把警车向出现火焰的方向驶去。

车子行驶不久，来到了一条坑洼不平的碎石路。萨莫拉一边减速前进，一边对刚才看到的火焰进行详细回忆。它们看上去偏蓝色，稍带一点橙色。火焰有多大，尚不能判断，但感觉其好像是静止的。

由于发出火焰的地方比他的视野更低，所以萨莫拉继续向火焰靠近，他发觉根本看不到冒起火焰的底部。但是他注意到另一个怪事，就是在火焰的上方完全看不到烟。

与此同时，在发出火焰的峡谷，他看到有什么东西在动，他不能肯定是不是飞舞的尘埃。那天天气晴朗，空中只飘着点点浮云，但刮着猛烈的大风。

萨莫拉在寻找巨响的来由时说，存在与发动机声音不同的声响。该声音最初是以非常高的音调开始，慢慢变为低音。那个声响仅 10 秒左右就中止，火焰也不见了。

那时萨莫拉的警车正在奋力爬坡，登上山丘，以便极目远

眺。但是，斜坡很陡，刚往上爬，坡上的砾石便开始往下滚落，大大削弱了车轮的抓地力。经过三次尝试，他才到山顶上。

爬到山顶上的萨莫拉继续驾驶着警车缓缓地往西前进，他一边环顾着周围的环境，一边寻找着。

突然，他注意到车的南边有个发光的物体，距他只有 150 米左右，于是，他把车停了下来。

那看上去像是一辆翻过来的汽车。起先他以为这里发生了汽车事故，或者是某个年轻人把破车丢弃在了这里，但就在此时，两名身穿白色连身工作服的"男子"映入了他的眼帘，

他们紧挨物体站着。萨莫拉看到，身穿白色工作服的一名"男子"回头看了一下，一看到警车，那个"男子"显得非常吃惊。

萨莫拉以为他们需要帮助，因此急忙将警车朝他们的方向驶去。这时他才注意到，那原来是一个光亮的椭圆形金属物体。那个物体好像是把一端支在地面矗立着，看上去像是铝制的，在带点灰色的绿草地映衬下，更显白亮。

萨莫拉观察了穿白色工作服的两名"男子"几秒钟后，又驾车往前驶。他一边驾车朝物体的方向驶去，一边用车上的无线电话与索科洛镇派出所联系，报告这儿可能出了车祸，司机在车外忙着检修。到了离他们大约 100 米的距离，萨莫拉停了下来，想从车内下来，不想把车载无线电话的话筒碰掉了，于是捡起话筒放回原处后走出车外。

这张著名的 UFO 照片是 1959 年 6 月 18 日由约瑟夫·辛格在美国夏威夷的怀基海滩上拍摄的

就在他往那物体的方向走去时，再次听到了一声巨响。在发出巨响的同时，物体的底部出现了火焰，同时开始笔直地向上升。火焰上方是淡蓝色的，下方是橙色，没有冒烟。

被巨响与火焰惊吓的萨莫拉立即掉转方向，发疯似的往回跑。他一边跑，一边把头转过去窥视身后物体的动向。由于拐得太猛，就在他刚想绕到警车的后面之际，腿一下子撞上了保险杠，跌倒在地。但是，他顾不得寻找跌落的眼镜，又站起来拼命地跑，同时不断地往后看。

此时，那个物体上升到比警车稍高一点的位置。萨莫拉在离车 15 米的地方登上山丘，把身子藏在灌木丛中小心地观察着那个不明物体。该物体继续不断上升，发出的声音震耳欲聋，把萨莫拉吓坏了。

不久，他克服了恐惧，抬起头来仔细地观察那个物体，发现该物体呈蛋形，表面光滑，既没有窗户也没门或者舱口一类的设施，但是在侧面画着一个特殊的标志，为一条横线上向上的箭头指向一个开口向下的弧。那个标志的尺寸高 53～60 厘米，宽 53 厘米。

在物体还没有完全消失的时候，那吓人的巨响停止了，代之以尖细的高音。不久，那个声音也停止了，周围被寂静所笼罩。趁着物体还在，萨莫拉站了起来，飞快地跑回警车里，拿起话筒与派出所联系，让查维斯警长立即从派出所窗口往西南方向瞧。但是，警长并没有看到。

萨莫拉一边用无线电联系，一边继续观察该不明物体，发现它正向峡谷中的丘陵靠近。萨莫拉请求查维斯警长抓紧时间赶往现场。当查维斯警长到达时，地上的灌木还在燃烧冒烟。

两人到物体的着陆现场时，发现地面还留下痕迹。显然，有相当重的物体曾在那个地方着陆。

地面上的痕迹使萨莫拉想起从那个不明物体中曾伸出两条机械的腿；另外，萨莫拉想起物体从地面起飞之前，曾听到两三声啪啪的声音，后来他推断那个声音或许是关门或关舱盖的声音。

查维斯警长将这个事件告诉了联邦调查局（FBI）。为了从多方面了解事件的真实情况，FBI又打电话到索科洛东南约50千米的怀特桑兹导弹发射场询问，到后来，连陆军和空军也参加进来。

调查现场的全体成员均确认，物体留下的着陆痕迹是非常新的，着陆痕迹所包围的灌木也没受到多大损伤；另外，由于调查现场地处偏僻，这几个月来除了萨莫拉的警车外，没有别的车辆来过。再者，对于萨莫拉的为人，参与调查的人取得共识，一致认为萨莫拉为人正直，不是制造谎言的人。所以，此次事件当属事实。

素来平静的索科洛小镇一下子变得热闹起来，大街上充斥着杂志、广播、电视的采访记者，甚至好莱坞的电影公司也来了。

萨莫拉希望这个事件是美国军用"秘密武器"的试验。如果是那样，整个事件就可以有个能使人接受的解释，事态当然就得

以恢复正常。

但是情况并不是那样，全美各地的民间 UFO 研究团体都派了调查员去索科洛，想得到萨莫拉的解释。加之 FBI、陆军和空军也感兴趣，都派遣调查人员前往小镇。这样一来，萨莫拉本人及其家庭不得不牺牲掉所有时间来应酬。

空军的一名人员在结束调查、离开小镇之际，在镇上的加油站与营业员的偶然交谈之中获得了新的情况。该营业员说，与萨莫拉目击物体的同一天的同一时刻，靠近加油站的一名顾客也目击到了一个奇怪的不明飞行物，该物体呈蛋形，一边发出奇特的声音，一边以极快的速度飞过低空。空军调查员询问那个营业员是否也目击到奇怪的飞行物体。遗憾的是，正巧这个时候他到后面取油罐去了，所以没有目击到。

4 天后，应美国空军蓝皮书计划调查机构的邀请，天文学家 J·艾伦·海尼克博士审核了有关这一事件的所有情况。但他认为唯一有价值的线索是蛋形飞行器上的特殊标志，但它的真实含义却不得而知。

遗憾的是，萨莫拉当时没有带照相机，而且，除了萨莫拉外，仅有加油站那个身份不明的顾客是目击者，人们只知道他的车挂着其他州的车牌。

那个蛋形的不明飞行物究竟是什么？为什么它发出的火焰不冒烟？所有的这一切，都是一个未知的谜。

5. 飞碟是否曾经撞机？

1974 年 8 月 25 日，22 时 7 分。一个宁静的夏日夜晚。

墨西哥，古亚米（COYAME）——这是个在地图上都很难找到的小镇。这里四周都是茫茫戈壁，人迹罕至。这里没有图书馆，没有档案馆，也没有当地的历史学家。

正当镇上的居民们准备睡觉的时候，在 800 千米外的地方，美国空军防御系统突然在墨西哥湾上空发现了一个不明飞行物。它飞行高度达到 2 万米，时速超过 4000 千米——如此高水准的东西绝对不是当时地球上的人类所能制造出来的。

一开始，人们以为它可能是颗流星，但 1 分钟后人们发现，它下落时的轨迹显示出阶段性变化，而流星的轨迹是一道弧线。它的飞行目标似乎是美国得克萨斯州。

22 时 09 分，这个不明飞行物突然左转，在得克萨斯州布朗斯维尔南 60 千米的地方，进入墨西哥领空。

美国方面继续追踪着这个令人费解的飞行器。雷达里显示出来的是，一架小型飞机正朝着这个飞碟飞去。

这架小型民航飞机从得克萨斯州埃尔帕索出发，在夜幕的掩盖下，飞往墨西哥的首都墨西哥城。

但是，这架飞机离开得克萨斯州后，始终没有到达目的地。同时，美国军方的监测部门发现，那个不明飞行物突然在雷达上

消失了。

1974 年 8 月 26 日上午 8 点，即民航客机在沙漠地区失踪 9 小时后，墨西哥派出的搜索小组找到了坠毁的飞行器。

在边境的另一侧，上午 10 时 35 分，美国情报机构截获了墨西哥军方的无线电报告：失踪飞机的残骸已经找到，就在古亚米郊外。不久，他们又获得一份令人震惊的报告，报告称发现了第二具残骸……但那不是飞机。

据说，搜索小组发现了一种银光闪闪的碟形飞行器。它的表面好像是用抛光金属制成的，直径大约 5 米，呈流线形，厚度为 1.5 米。上面没有任何标志，也没有灯，里面也没有尸体。看上去似乎被撞了两次，也许第一次是和客机撞的，而第二次则是撞在地面上。

突然之间，墨西哥方面要求所有搜索活动保持无线电静默。同时，美国方面主动联系墨西哥政府，希望为搜索工作提供"协助"。这个要求遭到了拒绝。

就在墨西哥搜索小组收集残骸的同时，美国也在得克萨斯州比利斯堡（FORT BLISS）忙着组建他们自己的精英搜索小组。

这个小组配备的是 4 架直升机，组建完毕后就一直处于待命状态，随时准备出发。而此刻美国的情报部门则正在密切监测事态的动向。

美国的监控系统显示，墨西哥方面已将飞碟装在一辆卡车上，运离事发地点。

这是阿根廷空军上尉雨果·尼奥提 1960 年 7 月 3 日在阿根廷科尔多瓦拍摄的

　　随即，卫星照片又有了更惊人的发现：墨西哥方面的护送部队停了下来，似乎是什么地方出问题了。

　　从照片上可以看到许多死尸，显示那里发生了很不寻常的事。

　　8 月 27 日下午 2 时 38 分，美国方面派出了他们的搜索小组。4 架直升机连同搜索小组从比利斯堡出发了，士兵们穿着生化防护服，慢慢接近那只悄无声息的护送队伍。

　　他们发现，那个 5 米的银色飞碟被固定在卡车上。于是，他们解下固定用的皮带，把它接在那架中型直升机的吊索上。在确认安全的情况下，这个约重 700 千克的飞碟就被吊起运往美国。

　　飞碟运走后，小组立即将飞机残骸、护送队伍的车辆、墨西哥搜索小组成员的尸体集中起来，然后用高能炸药全部炸毁。工作完成以后，搜索小组返回基地。

　　至于飞碟究竟被送到了何处，则始终是一个秘密。有人猜测是亚特兰大，有人说是比利斯堡，还有人说是帕特森空军基地。

　　没有人知道这次飞碟坠毁事件是不是真的，人们也没有证据来加以证实。只有一些私下的传说提醒人们可能发生过这件事。

　　1991 年，媒体报道了几十次发生在墨西哥境内的飞碟目击事件。其中许多互不相识、相隔几百千米外的人们，在同一天的同一时间里，看到了同样的东西。

　　1991 年 7 月，有史以来持续时间最长的一次日食即将出现。而墨西哥是能够目睹完整日食的少数区域之一。早在一年前，所

有的墨西哥人就都知道1991年将出现日食。

刚过下午1点，墨西哥上空的天就黑了。天文学家开始调整望远镜，数百万人都在注视着天空。就在那一天，许多墨西哥人都在用已成为普通消费产品的摄像机对准太阳拍摄。

令他们难以相信的是，墨西哥全国各地都在日食东边的天空中拍摄到了一个像金属一样的怪东西。

一时之间，日食飞碟成为墨西哥举国上下议论的话题。许多人马上宣布说飞碟在墨西哥出现，但也有许多人持怀疑态度。

在这个事件发生以后，有位瑞典的天文学家利用一个计算软件，计算出了墨西哥日食当天的天文景象。他发现在所有人指认出现了不明飞行物的地方，恰恰出现了一颗行星，那就是金星。

金星是从太阳往外的第二颗行星。它的亮度在天空中仅次于太阳和月亮。

在如今仅存的4种玛雅抄本中，有一个名为德累斯顿的抄本。这个抄本所记载的信息，包括了玛雅人对日食所做的预测；在这个抄本中，精确地预测出了1991年的那次日食。

抄本中写到：星星的兄弟们会相遇。好像玛雅人早就知道那天会发生飞碟目击事件。这究竟是巧合，还是他们早就知道呢？

很多墨西哥人都认为发生了不同寻常的事情。社会上掀起了一股关注飞碟的新高潮。

9月16日是墨西哥独立日，墨西哥会举行阅兵活动。空军出动，飞越墨西哥城。当飞机飞越头顶时，许多人都会用摄像机拍

下这一幕。

1991 年 9 月 16 日，当一位业余摄影师拍摄飞过头顶的飞机时，他同时也拍下了神秘的发光的圆形物体。

1992 年 9 月 16 日，又发现一个不明飞行物从天空中飞过。

1993 年 9 月 16 日，当一个直升机中队进行阅兵表演时，一个拥有类似金属外表的物体出现，并从它们的编队中穿过。

3 年，发生了 3 次目击事件。但墨西哥军方对此没有做出任何评论。

2004 年 3 月 5 日，墨西哥 501 空军中队执行任务，搜索一架走私毒品的飞机。突然，飞行员看到了一个非常离奇的东西。从雷达上看，这东西似乎在不规律地改变着速度。在追踪时，机组人员打开了前视红外系统，它能拍摄到很多肉眼看不到的东西。

当空军巡逻队接近该物体时，机组人员却找不到目标了，无论是用前视红外系统还是用自己的肉眼。几分钟后，机组人员掉转方向准备返回基地。突然，前视红外系统显示云层中出现亮点，不是 1 个，而是同时出现 11 个，似乎正要穿越云层。机组成员觉得这些东西不单单只是跟着他们的飞机飞行，事实上它们把飞机围起来了。这让他们非常惊慌。

突然之间，这些光点消失了，机组人员惊魂未定，只好返回基地。

在接下来的几周里，墨西哥军方对此事展开了调查。机组人员接受了询问，分析影像资料并对气象数据进行评估，但是并没有找到答案。

　　1966 年 12 月 18 日，文森特·佩尔纳在美国纽约托拉迪湖拍到这张照片。佩尔纳说："一个非常罕见的青铜色物体突然出现，它没发出任何声响，直径大约有 6 米。"

后来，军方打电话给调查墨西哥飞碟目击事件的专家、墨西哥电视台记者热姆·莫萨纳，授权他对此事展开调查，并把录像带交给了他，希望他能在媒体公布这份资料。

莫萨纳获准参阅所有的飞行记录、气象报告，还有最重要的是他可以与机组成员交谈。

5月11日，莫萨纳召开新闻发布会，向全世界公布了这份录像带。

有人肯定，也有人怀疑。

这些异常的不明飞行物，将飞碟专家和爱好者们聚在了一起。他们来自全国各地，共同讨论这个国家发生的众多飞碟目击事件。在他们所调查的飞碟事件中，就有1974年发生在墨西哥古亚米的那次飞碟与客机碰撞事件。1974年8月的时候，是不是真有一架飞碟在墨西哥沙漠坠毁？是否真有一支搜索小组死于未知的生物毒素？

人们也许永远也无法知道真相。但是，在墨西哥，的确发生了许多非常离奇的事情。